建筑信息模型（BIM）技术应用系列新形态教材

BIM安装工程造价

吕艳玲　主　编

U0197845

清华大学出版社
北京

内 容 简 介

本书以工作任务为导向,内容包括计算电气工程工程量、计算建筑给排水工程量、计算通风空调工程工程量、编制安装工程工程量清单、工程量清单计价及编制火灾自动报警及联动系统工程造价等工程造价的全过程,还包括学习使用 BIM 算量软件。书中的工程案例结合工程造价职业资格考试内容及造价工程实践,将安装工程造价的理论知识与工程实践应用相结合,项目1～项目6均配备思考与练习题及综合实训,学习者通过在学中做、做中学,学习安装工程各专业的基础知识、安装工程识图、工程量计算、工程量清单及 BIM 算量软件的使用,对安装工程造价进行系统性的学习和实践,具备安装工程造价的专业技能,培养严谨认真、精益求精的工匠精神。

本书为理实一体化教材,内容全面,配备丰富的工程案例,可作为建筑类高校相关专业的学习教材,也可作为造价职业技能学习和职业资格考试的自学教材。

图书在版编目(CIP)数据

BIM 安装工程造价/吕艳玲主编. —北京:清华大学出版社,2023.9
建筑信息模型(BIM)技术应用系列新形态教材
ISBN 978-7-302-62658-9

Ⅰ. ①B… Ⅱ. ①吕… Ⅲ. ①建筑工程－工程造价－应用软件－教材 Ⅳ. ①TU723.3-39

中国国家版本馆 CIP 数据核字(2023)第 182322 号

责任编辑:杜 晓
封面设计:曹 来
责任校对:袁 芳
责任印制:宋 林

出版发行:清华大学出版社
      网 址:http://www.tup.com.cn,http://www.wqbook.com
      地 址:北京清华大学学研大厦 A 座   邮 编:100084
      社 总 机:010-83470000   邮 购:010-62786544
      投稿与读者服务:010-62776969,c-service@tup.tsinghua.edu.cn
      质量反馈:010-62772015,zhiliang@tup.tsinghua.edu.cn
      课件下载:http://www.tup.com.cn,010-83470410
印 装 者:三河市君旺印务有限公司
经 销:全国新华书店
开 本:185mm×260mm   印 张:14   字 数:320 千字
版 次:2023 年 10 月第 1 版   印 次:2023 年 10 月第 1 次印刷
定 价:49.00 元

产品编号:102006-01

前　言

党的二十大报告指出："教育、科技、人才是全面建设社会主义现代化国家的基础性、战略性支撑"，为我国建筑行业的发展提出了新的要求和目标。而工程造价和建筑业的发展密不可分，未来我国建筑行业处于转型的关键时期，新型城镇化建设及绿色、智能、低碳环保的智能建筑的发展目标也对造价行业提出了更高的要求。因此，培养高技能并符合建筑行业发展的人才成为建筑职业院校人才培养的主要目标之一。本书紧扣国家战略和二十大精神，采用工作手册式的编写形式，使学习者在学习中掌握工程造价编制的基本技能，推进建筑行业智能化、信息化的发展进程，为推动建筑行业高质量发展做出新的贡献。本书内容围绕工程造价的过程展开，相比于目前出版的同类型教材，具备以下特点和优势。

(1) 本书以《建设工程工程量清单计价规范》(GB 50500—2013)及《通用安装工程工程量计算规范》(GB 50856—2013)为依据，结合《江苏省安装工程计价定额》(2014 年版)和《江苏省建设工程费用定额》(2014 年版)编制，书中内容结合工程造价职业资格考试内容及工程实践，将安装工程造价的理论知识与工程案例相结合，以工作任务为导向，每个学习项目均有对应的工程案例。本书主要内容包括安装工程专业的基础知识、工程识图、工程量计算、工程量清单及计价，以及造价行业推广使用的 BIM 算量软件的学习，学习者通过对本课程的学习，能够系统地掌握安装工程造价的基本概念和专业技能。

(2) 本书的编制体现以学习者为中心，以职业能力为基础，基本框架根据安装工程造价行业的典型工作任务和工作过程设计，学习者在学习相关理论知识的同时，完成相关实训项目工程案例造价的编制，通过在学中做、做中学，培养严谨认真、精益求精的工匠精神，培养自主学习的能力和造价的专业技能。

(3) 本书在编制时结合未来建筑业和造价行业的发展趋势，使学习者同时具备手算和使用 BIM 算量软件计算工程量的技能。本书中的部分工程案例图纸建立了 BIM 模型，使学习者能更直观系统地识读图纸，不但解决了工程识图的难点，同时提高了工程造价的准确性。

（4）精选案例，由简及繁，由易到难，由于安装工程造价是建筑设备类专业及工程造价专业所必须掌握的核心技能，本书内容涵盖建筑电气工程、给排水工程、通风空调工程、火灾自动报警及联动系统工程等工程造价的编制，并提供了部分综合实训的答案解析的电子课件。

（5）本书提供了相关的电子学习资源，通过二维码的形式呈现相应的知识点。对于造价的学习过程中部分实训案例的解析、BIM算量软件的学习使用、安装工程施工技术、工程量计算及计价等难点内容，学生可以扫描二维码查看学习视频等课程资源。

（6）本书内容的编制与造价职业资格考试接轨，做到课证融通，构建了较为完整的安装工程造价知识结构和技能实践体系，融知识、能力、素质教育为一体。本书适用于建筑设备安装类与工程造价专业，也可以作为建筑业造价人员继续教育培训及造价企业员工培训的系列课程。

本书共分7个学习项目、26个学习任务，项目1～项目6均配有思考与练习题及综合实训，由易到难，理论教学和技能训练相结合，体现职业教育特点，实用性强。每个项目均带有图片、语音或者视频资料，体现教学信息化的特点。本书的主要内容包括计算电气工程工程量、计算建筑给排水工程工程量、计算通风空调工程工程量、编制安装工程工程量清单、工程量清单计价、编制火灾自动报警及联动系统工程造价、学习使用BIM算量软件。其中项目4和项目5的综合实训是在完成项目1～项目3综合实训的前提下设置的，因此完成项目1～项目5的综合实训即是完成一个由水、电、暖组成的安装工程造价的过程。

本书由江苏城乡建设职业学院吕艳玲担任主编，江苏城乡建设职业学院吴玫、赵翠玉担任副主编。编写人员都是教学一线的教师，并具备多年造价企业的工作经验，其中项目1～项目5由吕艳玲编写，项目6由吴玫编写，项目7由赵翠玉编写，项目1和项目6的学习视频由吕艳玲和吴玫制作，项目7的学习视频由广联达科技股份有限公司提供。常州工程职业技术学院陈宗丽副教授对本书的编写进行了指导，并提出了很多建设性的意见和建议。书中部分内容参阅和借鉴了同行的相关资料，在此深表感谢！

由于编者水平有限，书中难免有不妥与不足之处，恳请读者和同行批评、指正。

编　者

2023年4月

目　录

项目 1 计算电气工程工程量

项目概述

本项目通过对建筑电气工程的组成及分类、电气安装工程常用器具及材料、识读建筑电气施工图及建筑电气工程量计算规则等内容的讲解,使学生初步具备计算电气工程工程量的技能。

教学目标

知识目标	能力目标	素质目标
1. 了解电气工程的组成及分类 2. 认识电气安装工程常用器具及材料 3. 具备建筑电气施工图识读的基本知识 4. 熟悉电气工程工程量计算规范及计算方法	1. 具备识读电气工程图纸的能力 2. 具备运用电气工程量计算规范的能力 3. 具备计算电气工程工程量的能力 4. 具备自主学习、独立解决问题的能力	1. 遵循国家专业规范、标准,能在工程实践中严格贯彻执行 2. 培养认真严谨的职业素质 3. 培养耐心细致的工作作风 4. 培养精益求精、专注创新的工匠精神

任务 1.1 了解电气工程的组成及分类

1. 电力系统的组成

由各种电压的电力线路将发电厂、变电所和电力用户联系起来的一个集发电、输电、变电、配电和用电的整体,叫作电力系统,如图 1-1 所示。

1)发电厂

产生电能的方式有两种,即摩擦起电和线圈在磁场里运动产生电流。目前发电主要利用的原理是线圈在磁场里运动产生电流。

2)电力网

电力网是输送、变换和分配电能的设备,由变配电所和配电线路组成。变配电所用于接受电能、变换电压和分配电能,输配电线路是输送电能的通道。一般把 35kV 及以上电压的输配电线路称为送电线路,把 10kV 及以下线路称为配电线路。高压输配电可以减少线路的断面,从而节约造价,线径越大,电阻越小,电能的损耗越小。

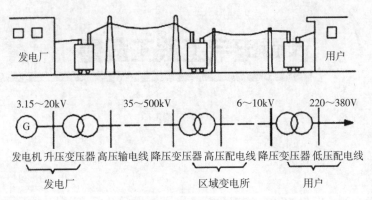

图 1-1　从发电厂到用户的输变电示意图

3）电力用户（电力负荷）

电力用户是一切消耗电能的用电设备，将电能转换为其他形式的能。电力用电设备如电动机，将电能转换为机械能；电热用电设备如电炉，将电能转换为热能；照明用电设备如电灯，将电能转换为光能。

2. 民用建筑的供配电系统

通常将高压输电线路至小区变电所之间的线路称为高压供电系统；小区变电所至各建筑物之间的线路称为低压供电系统；建筑物内主供电线路称为低压配电系统。

1）高压供电系统

一般情况下，当变压器总容量在 500kV·A 以下时，可以在低压侧计量电能，称为"高供低计"。当变压器的总容量在 500kV·A 以上时，必须在高压侧计量电能，称为"高供高计"。

2）低压供电系统

低压供电系统分为照明供电和动力供电两种系统，照明电源一般采用单相电源供电，而动力电源一般采用三相电源，同时也分为单电源和双电源的供电方式。

3）低压配电系统

低压配电系统由配电装置（配电盘）及配电线路（干线及分支线）组成，配电方式有放射式、树干式、链式、环形及混合式等。大多数情况采用树干式和放射式混合配电方式。

3. 电气照明工程

电气照明基本概念如下。

1）电光源

利用电能发电的光源称为电光源，电光源按其发光原理分为热辐射电光源（如白炽灯、卤钨灯等）、气体放电电光源（如荧光灯、高压汞灯、高压钠灯、金属卤化物灯和氙灯等）及 LED（发光二极管）光源三大类。

教学视频：
照明的基本概念

2）照明灯具的分类

（1）按照明器的结构分类：可分为开启型（光源与外界空间直接接触，无罩包合）、闭合型（具有闭合的透光罩，内外能自由通气）、封闭型（透光灯罩固定处加以一般封闭，内外空气可有限流通）、密闭型（灯罩固定处紧密封闭，内外不能通气）和防爆型（灯罩及固定处可承受要求的压力)。

(2) 按照明方式分类:照明方式是按照明器的布置特点来区分的,分为一般照明、局部照明、混合照明。

(3) 按照明种类分类:照明种类是按照明的功能来划分的,分为正常照明、事故照明(应急照明)、值班照明、警卫照明和障碍照明等。

事故照明(应急照明)一般需要采用双电源供电,双电源有两种形式,一种是自带双电源(蓄电池),另一种是由配电箱提供双电源。

4. 建筑物防雷接地系统

1) 建筑物防雷分类

教学视频:
防雷接地工程

建筑物应根据其重要性、使用性质、发生雷电事故的可能性和后果,按防雷要求分为三类。

(1) 第一类防雷建筑物:指制造、使用或储存炸药、火药、起爆药、军工用品等大量爆炸物质的建筑物,因电火花而引起爆炸,会造成巨大破坏和人身伤亡的建筑物等。

(2) 第二类防雷建筑物:指国家级重点文物保护的建筑物、国家级办公建筑物、大型展览和博览建筑物、大型火车站、国宾馆、国家级档案馆、大型城市的重要给水泵房等特别重要的建筑物及对国民经济有重要意义且装有大量电子设备的建筑物等。

(3) 第三类防雷建筑物:指省级重点文物保护的建筑物及省级档案馆,预计雷击次数较大的工业建筑物、住宅、办公楼的一般性民用建筑物。

2) 防雷接地系统的组成

建筑物防雷接地系统包括接闪器、引下线和接地系统三部分,如图1-2所示。

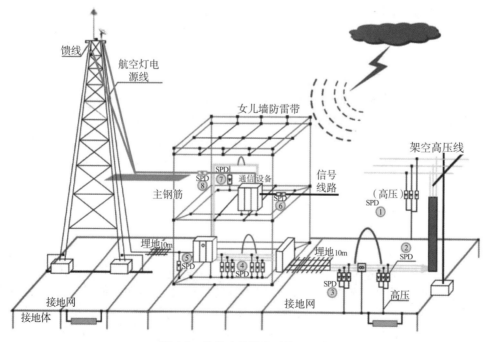

图 1-2　某移动基站防雷接地示意图

（1）接闪器：包括避雷网、避雷针、独立避雷针等。

① 避雷网：分为沿混凝土块敷设和沿支架敷设两种。

② 避雷针：分为在烟囱上安装、在建筑物上安装及在金属容器上安装三种。

③ 独立避雷针：分为钢筋混凝土环形杆独立避雷针和钢筋结构独立避雷针两种。

（2）引下线：可采用扁钢和圆钢敷设，也可利用建筑物内的金属体（如结构柱内钢筋）。

（3）接地系统：包括接地极、户外接地母线、户内接地母线、接地跨接线、构架接地、防静电接地等。接地系统常用的材料有等边角钢、圆钢、扁钢、镀锌等边角钢、镀锌圆钢、镀锌扁钢、铜板、裸铜线、钢管等。

① 接地极分为钢管接地极、角钢接地极、圆钢接地极、扁钢接地极、铜板接地极等。最常用的是钢管接地极和角钢接地极。

② 户外接地母线敷设：户外接地母线大部分采用埋地敷设。接地线的连接采用搭接焊接，其搭接长度：扁钢之间的搭接是扁钢宽度的 2 倍，圆钢和圆钢搭接为其直径的 6 倍，圆钢与扁钢连接时为圆钢直径的 6 倍。

③ 户内接地母线敷设：户内接地母线大多是明敷设，分支线与设备连接的部分大多为埋设。

5. 电话系统

1）电话的通信方式

电话的通信方式包括模拟通信和数字通信（都是双向通信）。

模拟通信：通信信号是以模拟声波的电信号传输的。电话机中有发话器和受话器，甲地讲话的声波由发话器转换为相应的模拟电信号，经传输线路、交换设备等环节，传至乙地的受话器后还原成声波为乙方收听。

数字通信：将发话器输出的模拟电信号，经"模-数（A-D）转换器"变为一系列的 0 和 1 组成的数字信号再传送，最后经"数-模（D-A）转换器"将数字信号转换为模拟电信号，由受话器还原成声波。

2）电话通信系统的组成

（1）电话站：电话站是系统的枢纽，是安装用户电话交换机及其附属设备的场所，使用电话程控交换机既可以节省线路资源，也可以作为信号处理的"主机"。

（2）交接箱：电话接线箱，也称为分线箱，是将大对数电缆分接至各个用户的连接箱。

（3）分线箱（盒）：用于建筑物内部电话通信电缆转换为电话配线的交接。

（4）电话机出线插座：电话插座。

（5）电话机：主要有拨盘式、按键式和多功能式。现常用双音多频按键式电话机。

6. 有线电视系统

有线电视从最初的共用天线电视接收系统（master antenna television，MATV），到有小前端的共用天线电视系统（community antenna television，CATV），由于它以有线闭路形式传送电视信号，不向外界辐射电磁波，所以也被称为闭路电视（closed circuit television，CCTV）。为了区别于无线电视，仍称上述诸传输分配系统为"有线电视"。

有线电视系统的基本组成如图 1-3 所示，该系统包括天线、前端设备、信号传输分配网络和用户终端。

图 1-3 有线电视系统的基本组成

1）天线

天线是接收空间电视信号的元件。

2）前端设备

前端设备主要包括天线放大器、混合器、主干放大器等，它是有线电视系统中最重要的组成部分。前端设备的主要任务是进行电视信号接收后的处理，包括信号放大、混合、频率转换、电平调整，以及干扰信号成分的滤波等。

3）信号传输分配网络

信号传输分配网络是指信号电平的有线分配网络。分配网络分为有源及无源两类，无源分配网络只有分配器、分支器和传输线等无源器件，可连接的用户少，有源分配网络增加了线路放大器，因而所接的用户数可以增多。

4）用户终端

用户终端包括电视插座、机顶盒及电视机，机顶盒的作用主要是对电视信息传输时叠加的加密信息进行解密，每只机顶盒只能输出一个频道的电视信号。

有线电视线路在用户分配网络部分多采用 SYKV-75 型同轴电缆，在信号传播上，由于电视信号是统一的，因此任何用户端都可以串在一起，所以有线电视的线路要比电话简单。

7. 广播及音响系统

广播系统相当于简化的电视系统，仅用来传播声音信号，线路布置及前端和终端设备都比电视系统更为简单，广播系统分为一般性广播系统和火灾事故广播系统，包括以下几部分。

1）广播设备

广播设备包括信号接收和发声设备。

（1）天线：主要作用是接收空间调频、调幅广播的无线电波，向转播机、收音机等提供广播电信号。

（2）转播接收机：用来转播中央或地方广播电台的广播节目。目前大部分转播接收机均有调频、调幅接收功能。

（3）录放音机：通常兼有录、放、收音等多种功能，可进行节目制作、编辑、混合，是有线广播系统中的重要设备之一。按信号的记录方式，录放音机分为磁带式、针式唱片式、激光唱片式、多功能式等。

（4）话筒：又称为微音器、传声器或麦克风。它是一种将声能转换为电能的器件，是最直接的信号发生设备。常用的话筒有动圈式和电容式等。

2）放大设备

节目源的信号通常是很弱的，必须由放大设备放大后才能驱动发声设备（如扬声器等）。放大设备又称为扩音机，它是有线广播系统中的重要设备之一。

3) 扬声器

扬声器俗称喇叭,是有线广播系统的终端设备,是向用户直接传播声音信息的基本设备。其基本原理是:驱动系统把电能转换为机械能,驱动音膜(或纸盆)振动,并与其周围的空气产生共振而发出声音。

8. 安全防范系统

安全防范系统是一个相对独立的完整系统,主要包括入侵防盗报警系统、可视对讲系统、监控系统、停车场(库)管理系统等,对保证人们的人身和财产安全具有重要意义。

1) 入侵防盗报警系统

常用的入侵防盗报警系统有玻璃破碎报警防盗系统、超声波报警防盗系统、微波报警防盗系统和红外报警防盗系统等。

2) 可视对讲系统

可视对讲系统由门口机、可视室内机(对讲分机)、楼层解锁码器(解码器+视频分配隔离器)、不间断电源(可视电源)、电控锁五个部分组成。

门口机是安装在每一栋楼的大门上,可以完成呼叫房号、密码开锁、摄入图像、两方通话等功能的设备。

室内机是指安装在户内,可以完成监视、遥控开锁、两方通话等功能的设备。

3) 监控系统

民用建筑中以监视为主要目的的有线电视系统一般由摄像、传输、显示与记录三个主要部分组成。大型系统为了对整体进行控制,还需增加一个控制部分,如图 1-4 所示。

图 1-4　电视监控系统的结构示意图

4) 停车场(库)管理系统

停车场(库)管理系统是通过计算机、网络设备、车道管理设备搭建的一套对停车场车辆出入、场内车流引导、收取停车费进行管理的网络系统,是专业车场管理公司必备的工具。它通过采集车辆出入记录、场内位置,实现车辆出入和场内车辆的动态和静态的综合管理。前期系统一般以射频感应卡为载体,使用广泛的光学数字镜头车牌识别方式代替传统射频卡计费,通过感应卡记录车辆进出信息,通过管理软件完成收费策略,实现收费账务管理、车道设备控制等功能。停车场管理系统的结构如图 1-5 所示。

9. 建筑物智能化系统

1) 智能化建筑的概念

智能化建筑的发展历史较短,目前尚无统一的概念。美国智能化建筑学会(American

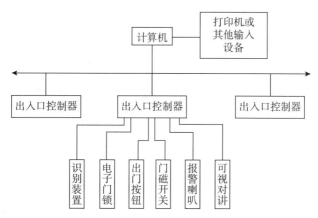

图 1-5　停车场管理系统的结构示意图

intelligent building institute，AIBI)将"智能化建筑"定义为将结构、系统、服务、运营及其相互联系全面综合，达到最佳组合，获得高效率、高功能与高舒适性的大楼。

　　智能化建筑的结构示意如图 1-6 所示。智能化建筑是由智能化建筑环境内系统集成中心(system integrated center，SIC)利用综合布线系统(premises distribution system，PDS)连接和控制 3A［即建筑设备自动化(building automation，BA)、通信自动化(communication automation，CA)和办公自动化(office automation，OA)］系统组成的。

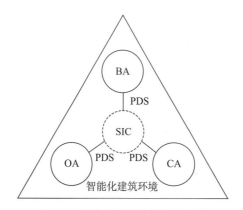

图 1-6　智能化建筑的结构示意图

　　建筑环境是智能化建筑赖以存在的基础。它必须满足智能化建筑特殊功能的要求。智能化建筑是建筑艺术和信息化技术发展的结果，因此智能化建筑应该是一座反映当今高科技成就的建筑物。智能化建筑本身的智能功能是随着知识产业和科学技术的不断发展而不断提高和完善的，因此作为智能化建筑基础的建筑环境必然要适应智能化建筑发展的要求。

　　2）智能化建筑的组成和功能

　　在智能化建筑环境内体现智能化功能的智能化建筑由 SIC、BA 和 CA 等系统组成。其总体组成和功能如图 1-7 所示。

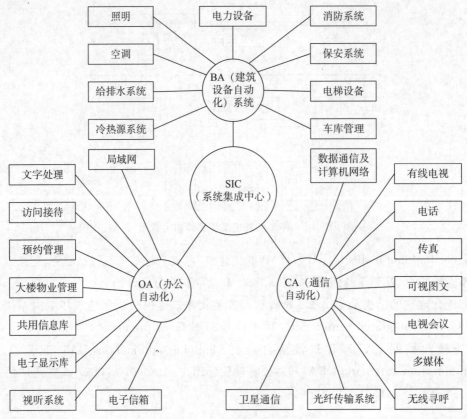

图 1-7　智能化建筑总体功能示意图

任务 1.2　认识电气安装工程常用器具及材料

1. 灯具

近年来,为了满足工业企业和民用建筑的要求,灯具的设计制造水平与技术性能都有很大提高,灯具的发展正处在不断更新阶段。建筑照明灯具由原来的单纯照明和一般装饰照明,逐步向灯具与建筑装饰融为一体的新型布灯方案发展。新型电光源的出现促进了灯具的改进升级,如高压钠灯灯具、低压钠灯灯具、环形荧光灯灯具、应急灯灯具、信号标志灯灯具、荧光防爆灯灯具等,都是近几年发展起来的新型灯具,并都已在工程上得到应用。

教学视频:电气
工程常用材料

教学视频:照明器

1) 工业和民用建筑常用的灯具

(1) 工厂灯具。

① 马路弯灯,适用于室内外一般照明。

② 搪瓷探照灯、搪瓷广照灯、搪瓷配照灯,适用于厂房室内外一般照明。

③ 防水防尘灯,适用于室内外环境温度为 $-35\sim+50℃$ 的水溅、多灰尘、潮湿等场所照明。

④ 防潮吸顶灯,适用于地下室、隧道等场所照明。

⑤ 防水座灯(彩灯),适用于建筑物节日轮廓照明。

(2) 吸顶灯灯具。吸顶灯灯具品种很多,用途较广泛。由单个或多个正方形、长方形、圆形玻璃灯罩组合于钢板制、表面烤漆或镀铬的灯架上。常用于门厅、走廊、会议室等场所。排列组合后,也可作装饰照明。

(3) 壁灯灯具。壁灯结构造型简洁大方,作辅助和装饰照明在现代建筑中应用极为广泛。由各种造型的玻璃灯罩组成单罩、双罩等。

(4) 吊灯灯具。普通单罩吊灯灯具有钢制镀锌吊链、烤漆钢板制灯架或钢管制灯架、表面镀铬、配以各种造型的乳白玻璃灯罩。适用于卧室等场所。

(5) 荧光灯灯具。荧光灯灯具造型新颖、光效高,近几年来发展较快,还专门设计制造了适用于洁净厂房、电子计算机房、实验室和大型公建等场所的新型灯具。

荧光灯灯具结构多为钢板灯架,普通的为表面喷漆或烤漆、边框镀铬。荧光灯灯具可吸顶或悬吊安装,适用于家庭、办公或一般建筑照明,分为单管、双管或三管。

现代公共建筑如写字楼、宾馆、商厦、计算机房等有吊顶部位的照明,多采用新型嵌入式荧光灯灯具,灯具底部镶嵌金属网格栅格片或塑料网格板,也可配磨砂玻璃罩,使光线均匀无眩光现象。并可根据使用场所照度的要求,组成光带。

(6) 防爆灯具。防爆灯具由优质钢板或铸铝合金制灯体,表面烤漆,配以高硼硅玻璃保护灯罩,并有金属保护网。为防止腐蚀性气体、水分和灰尘的侵入,加有橡胶密封圈作垫衬。

防爆灯具适用于工矿企业中,在正常情况下不能形成,而仅在不正常情况下能形成爆炸性混合气体的场所照明。

(7) 卤钨灯灯具。卤钨灯灯具结构用钢板灯壳,表面烤漆,铝板反光器,氧化抛光制成灯体,按造型分有控照、配照、探照、斜照等,可嵌入、吸顶或吊挂安装。卤钨灯灯具适用于厂房、体育馆、剧院等作大面积照明。

(8) 道路及庭院灯灯具。道路及庭院灯灯具包括道路、广场和庭院照明灯具。这类灯具品种繁多,其产品名称多以灯罩的造型命名。灯架结构为钢管制,表面喷漆,灯杆有钢杆和混凝土杆。玻璃灯罩多用于庭院柱灯和广场柱灯。瓢形氧化铝反光罩多用于道路、厂区照明。

(9) 应急灯灯具。应急灯灯具(又称事故照明灯具)是随着我国现代化设施的不断发展而设计的新型灯种,适用于重要建筑物和一些有特殊要求的场所内作事故照明用。

(10) 标志灯灯具。标志灯灯具主要作为公共建筑物必须设置的标志指示灯或安全示警,如楼层标志灯、出入口标志灯、走廊诱导等指示照明。

(11) 草坪灯灯具。草坪灯灯具是用于草坪周边的照明设施,主要以美观的外形和柔和的灯光为城市绿地景观添彩,具备安装方便、装饰性强等特点,可用于小区、公园、景区、别墅等绿地场所。

2) 灯具的类型及安装方式代号

灯具的类型及代号见表 1-1,灯具的安装方式及代号见表 1-2。

表 1-1   灯具的类型及代号

灯具名称	文字符号	灯具名称	文字符号
普通吊灯	P	投光灯	T
壁灯	B	工厂一般灯具	G
花灯	H	荧光灯灯具	Y
吸顶灯	D	水晶底罩灯	J
柱灯	Z	防水防尘灯	F
卤钨探照灯	L	搪瓷伞罩灯	S

表 1-2   灯具的安装方式及代号

安装方式	文字符号	安装方式	文字符号
吊线式	CP	嵌入式	R
固定吊线式	CP1	顶棚上安装	CR
防水吊线式	CP2	墙壁上安装	WR
吊链式	Ch	台上安装	T
吊杆式	P	支架上安装	SP
壁装式	W	柱上安装	CL
吸顶或直附式	S	座装式	HM

2. 电缆及电线

1) 电缆

电力电缆是传输和分配电能的一种特殊电线,主要用于输送和分配电流,广泛应用于电力系统、工矿企业、高层建筑及各行业中,并具有防潮、防腐蚀和防损伤、节约空间、易敷设、运行简单方便等特点。电力电缆有单芯、双芯、三芯及多芯,控制电缆芯数由 2 芯到 40 芯不等。

教学视频:电缆

电缆按用途分为电力电缆、控制电缆、电信电缆、移动软电缆等。电缆按绝缘分为橡皮绝缘电缆、油浸纸绝缘电缆、塑料绝缘电缆。

(1) 电力电缆的表示方法。常用电缆型号的字母含义见表 1-3。

表 1-3   常用电缆型号的字母含义

类别、用途	导 体	绝缘种类	内护层	其他特征
电力电缆(省略不表示) K—控制电缆 P—信号电缆 Y—移动式软电缆 R—软线 X—橡胶电缆 H—市内电话电缆	T—铜线 (一般省略) L—铝线	Z—纸绝缘 X—天然橡胶 (X)D—丁基橡胶 (X)E—乙丙橡胶 V—聚氯乙烯 Y—聚乙烯 YJ—交联聚乙烯	Q—铅护套 L—铝护套 H—橡胶(护套) F—氯丁胶(护套) V—聚氯乙烯护套 Y—聚乙烯护套	D—不滴流 F—分相 P—屏蔽 CY—充油

注:在电缆型号前加上拼音字母 ZR 表示阻燃系列,NH 表示耐火系列。

（2）电缆外护层的表示方法。根据国家标准的规定,电缆有外护层时,在表示型号的汉语拼音字母后面用两个阿拉伯数字来表示外护层的结构。其外护层的结构按铠装层和外被层的结构顺序用阿拉伯数字表示,前一个数字表示铠装结构,后一个数字表示外被层类型。电缆通用外护层和非金属电缆外护层型号中每个数字所代表的主要材料及含义见表 1-4 和表 1-5。

表 1-4　电缆通用外护层型号中的数字含义

第一个数字		第二个数字	
代号	铠装层类型	代号	外被层类型
0	无	0	无
1	—	1	纤维层
2	双钢带(24—双钢带＋粗圆钢丝)	2	聚氯乙烯外套
3	细圆钢丝	3	聚乙烯外套
4	粗圆钢丝(44—双粗圆钢丝)	4	—

表 1-5　非金属电缆外护层型号中的含义

表示型号	外护层结构		
	内 衬 层	铠 装 层	外 被 层
12	绕包型:塑料带或无纺布带 挤出型:塑料套	连锁铠装	聚氯乙烯外套
22		双钢带铠装	聚氯乙烯外套
23			聚乙烯外套
32		单细圆钢丝铠装	聚氯乙烯护套
33			聚乙烯外套
42	塑料套	单粗圆钢丝铠装	聚氯乙烯护套
43			聚乙烯外套
41		双粗圆钢丝铠装	胶粘涂料—聚丙乙烯或电缆沥青—浸渍麻—电缆沥青—白垩粉
441			
241		双钢带粗圆钢丝铠装	

（3）电缆常用型号及名称见表 1-6。

表 1-6　电缆常用型号及名称

型　号		名　称
铜芯	铝芯	
VV	VYV	聚氯乙烯绝缘聚氯乙烯护套电力电缆
VV	VLY	聚氯乙烯绝缘聚乙烯护套电力电缆
VV_{22}	VLV_{22}	聚氯乙烯绝缘钢带铠装聚乙烯护套电力电缆

型　号		名　称
铜芯	铝芯	
VV_{23}	VLV_{23}	聚氯乙烯绝缘钢带铠装聚乙烯护套电力电缆
VV_{32}	VLV_{32}	聚氯乙烯绝缘细钢丝铠装聚氯乙烯护套电力电缆
VV_{33}	VLV_{33}	聚氯乙烯绝缘细钢丝铠装聚乙烯护套电力电缆
VV_{42}	VLV_{42}	聚氯乙烯绝缘粗钢丝铠装聚氯乙烯护套电力电缆
VV_{43}	VLV_{43}	聚氯乙烯绝缘粗钢丝铠装聚乙烯护套电力电缆
YJV	$YJLV$	交联聚乙烯绝缘聚氯乙烯护套电力电缆
YJY	$YJLY$	交联聚乙烯绝缘聚乙烯护套电力电缆
YJV_{22}	$YJLV_{22}$	交联聚乙烯绝缘钢带铠装聚氯乙烯护套电力电缆
YJV_{23}	$YJLV_{23}$	交联聚乙烯绝缘钢带铠装聚乙烯护套电力电缆
YJV_{32}	$YJLV_{32}$	交联聚乙烯绝缘细钢丝铠装聚氯乙烯护套电力电缆
YJV_{33}	$YJLV_{33}$	交联聚乙烯绝缘细钢丝铠装聚乙烯护套电力电缆
YJV_{42}	$YJLV_{42}$	交联聚乙烯绝缘粗钢丝铠装聚氯乙烯护套电力电缆
YJV_{43}	$YJLV_{43}$	交联聚乙烯绝缘粗钢丝铠装聚乙烯护套电力电缆

（4）电缆敷设的一般要求。

① 路径要短,尽量避免与其他管线(管道、铁路、公路和弱电电缆)交叉。要顾及已有或拟建房屋的位置,不使电缆接近易燃易爆物及其他热源,尽可能不使电缆受到各种损坏(机械损伤、化学腐蚀、地下流散电流腐蚀、水土锈蚀、蚁鼠害等)。

② 不同用途电缆,如工作电缆与备用电缆、动力与控制电缆等宜分开敷设,并对其进行防火分隔。

③ 电缆支持点之间的距离、电缆弯曲半径、电缆最低最高间的高差等不得超过规定数值,以防机械损伤。

④ 电缆沟内电缆或在隧道内明敷时,应将麻包外皮层剥去,并刷防腐漆。

⑤ 交流回路中的单芯电缆采用无钢铠的或非磁性材料护套的电缆。单芯电缆要防止引起附近金属部件发热。

⑥ 电缆头是影响电缆绝缘性能的关键部位,最容易成为引火源。因此,确保电缆头的施工质量是极为重要的。

⑦ 正确选择电缆敷设方式。敷设方式要因地制宜,根据电气设备的位置、出线方式、地下水位高低及工艺设备现场布置情况决定。

2）电线

绝缘电线用于电气设备、照明装置、电工仪表、输配电线路的连接等。它一般由导线的导电线芯、绝缘层和保护层组成。绝缘电线按绝缘材料可分为聚氯乙烯绝缘、聚乙烯绝缘、交联聚乙烯绝缘、橡胶绝缘和丁腈聚氯乙烯复合物绝缘等;绝缘导线按工作类型可分为普通型、防火阻燃型、屏蔽型及补偿型等;导线芯按使用要求的软硬又分为硬线、软线和特软线等结构类型;按电压等级分为 0.25kV、0.5kV、0.75kV。

（1）绝缘电线绝缘材料的表示方法见表 1-7。

表 1-7　绝缘电线绝缘材料的表示方法

符号	绝缘材料	符号	绝缘材料
X	橡胶绝缘	VV	聚氯乙烯绝缘聚氯乙烯护套
XF	氯丁橡胶绝缘	Y	聚乙烯绝缘
V	聚氯乙烯绝缘	YJ	交联聚乙烯绝缘

（2）常用绝缘电线型号、名称及用途见表 1-8。

表 1-8　常用绝缘电线型号、名称及用途

型　号	名　　称	用　　途
BX	铜芯橡胶绝缘电线	适用于交流额定电压 500V 及以下或直流电压 1000V 及以下的电气设备及照明装置用
BXF	铜芯氯丁橡胶绝缘电线	
BLX	铝芯橡胶绝缘电线	
BLXF	铝芯氯丁橡胶绝缘电线	
BXR	铜芯橡胶绝缘电线	
BXS	铜芯橡胶绝缘棉纱编织双绞软线	
BV	铜芯聚氯乙烯绝缘电线	适用于各种交流、直流电气装置、电工仪器、仪表、电信设备、动力及照明线路固定敷设用
BV-CK-I	铜芯聚氯乙烯绝缘电线	
BLV	铝芯聚氯乙烯绝缘电线	
BVR	铜芯聚氯乙烯绝缘软线	
BVV	铜芯聚氯乙烯绝缘聚氯乙烯护套线	
BVV-CK-I	铜芯聚氯乙烯绝缘聚氯乙烯护套线	
BLVV	铝芯聚氯乙烯绝缘聚氯乙烯护套线	
BVVB	铜芯聚氯乙烯绝缘及护套平行线	
BLVVB	铝芯聚氯乙烯绝缘及护套平行线	
BV-105	铜芯耐热 105℃聚氯乙烯绝缘电线	
RV	铜芯聚氯乙烯绝缘连接软线	适用于额定电压 450/750V 交流、直流电气、电工仪表、家用电器、小型电动工具、动力及照明装置的连接用
RV-CK-I	铜芯聚氯乙烯绝缘连接软线	
RVB	铜芯聚氯乙烯绝缘平行软线	
RVS	铜芯聚氯乙烯绝缘绞型软线	
RVV	铜芯聚氯乙烯绝缘聚氯乙烯护套圆形连接软线	
RVV-CK-I	铜芯聚氯乙烯绝缘聚氯乙烯护套圆形连接软线	
RVVB	铜芯聚氯乙烯绝缘聚氯乙烯护套平行连接软线	
BV-105	铜芯耐热 105℃聚氯乙烯绝缘连接软电线	
AVP	铜芯聚氯乙烯绝缘屏蔽电线	适用于交流额定电压 250V 及以下的电气、仪表、电信电子设备及自动化装置屏蔽线路用
AVP-105	铜芯耐热 105℃聚氯乙烯绝缘屏蔽电线	
RVP	铜芯聚氯乙烯绝缘屏蔽软电线	
RVP-105	铜芯耐热 105℃聚氯乙烯绝缘屏蔽软电线	
RVVP	铜芯聚氯乙烯绝缘聚氯乙烯护套屏蔽软电线	

续表

型　号	名　　称	用　途
HRV HRVB HRVT	铜芯聚氯乙烯绝缘聚氯乙烯护套电话软线 铜芯聚氯乙烯绝缘聚氯乙烯护套扁形电话软线 铜芯聚氯乙烯绝缘聚氯乙烯护套弹簧形电话软线	连接电话机基座与接线盒及话机手柄
HBV HBVV HBYV	聚氯乙烯绝缘平行线对室内电话线 聚氯乙烯绝缘聚氯乙烯护套平行线对室内线 聚乙烯绝缘聚氯乙烯护套平行线对室内线	用于电话用户室内布线
JY JLY JLHY JLGY JYL JLYJ JLHYJ JLGYJ	铜芯聚（氯）乙烯绝缘架空电线 铝芯聚（氯）乙烯绝缘架空电线 铝合金芯聚（氯）乙烯绝缘架空电线 钢芯绞线聚乙烯绝缘架空电线 铜芯交联聚乙烯绝缘架空电线 铝芯交联聚乙烯绝缘架空电线 铝合金芯交联聚乙烯绝缘架空电线 钢芯铝绞线交联聚乙烯绝缘架空电线	适用于交流 50Hz、额定电压 10kV 及以下输配电线路

（3）绝缘电线的类型。绝缘电线品种规格繁多，应用范围广泛，在电气工程中以电压和使用场所进行分类的方法最为实用。

① BLX 型、BLV 型：铝芯电线，由于其质量轻，通常用于架空线路，尤其是长距离输电线路。

② BX、BV 型：铜芯电线被广泛采用在机电工程中，但由于橡胶绝缘电线的生产工艺比聚氯乙烯绝缘电线复杂，且橡胶绝缘的绝缘物中某些化学成分会对铜产生化学作用，虽然这种作用轻微，但仍是一种缺陷，所以在机电工程中基本被聚氯乙烯绝缘电线替代。

③ RV 型：铜芯软线主要用在需柔性连接的可移动部位。

④ BVV 型：多芯塑料护套线，可用于电气设备内配线，较多地用于家用电器内的固定接线，但型号不是常规线路用的 BVV 硬线，而是 RVV 软线，为铜芯塑料绝缘塑料护套多芯软线。

例如，一般家庭和办公室照明通常采用 BV 型或 BX 型聚氯乙烯绝缘铜芯线作为电源连接线；机电工程现场中的电焊机至焊钳的连线多采用 RV 型聚氯乙烯铜芯软线，这是因为电焊机位置不固定，经常移动。

3. 电缆桥架

电缆桥架适用于电压 10kV 以下的电力电缆、控制电缆、照明配线等在室内外架空、电缆沟、隧道内的敷设。

1）电缆桥架分类

电缆桥架分类如图 1-8 所示。

梯级式桥架具有质量轻，成本低，安装方便，散热、透气性好等优点。它一般适用于直径较大的电缆，特别适用于高、低压动力电缆的敷设。

托盘式桥架是在石油、化工、电力、轻工、电视、电信等方面应用最广泛的一种。它具有质量轻、载荷大、造型美观、结构简单、安装方便等优点，既适用于动力电缆的敷设，也适用于控制电缆的敷设。

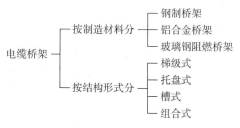

图 1-8　电缆桥架分类

槽式桥架是一种全封闭型电缆桥架,它适用于敷设计算机电缆、通信电缆、热电偶电缆及其他高灵敏系统的控制电缆等,对控制电缆的屏蔽干扰和重腐蚀环境中电缆的防腐都有较好效果。

组合式桥架是电缆桥架系列中的第二代产品,它适用于各种工程、各种电缆的敷设,具有结构简单、配置灵活、安装方便、形式新颖等优点。

玻璃钢槽式电缆桥架是用玻璃钢纤维防腐材料制成的一种新型产品。它具有高强度、绝缘性能好、质量轻、结构合理、寿命长、施工简单、配线灵活等特点。同时对易燃场所有阻火、隔绝防爆等作用,特别是对重酸、重碱场所有优良的耐腐蚀性能。它不仅具有钢制桥架的优点,而且使用寿命是钢制桥架的5~6倍。

铝合金桥架采用铝合金型材挤压成型,尺寸精度高、强度高、外形美观、质量轻、承载能力大。表面喷砂氧化生成一层天然的氧化保护膜,对大气和化学介质具有很强的耐腐蚀能力,铝合金桥架有多种表面防护处理,适用于户内外各种防腐蚀等场所。铝合金桥架与钢制桥架相比,铝合金桥架具有更强的耐腐蚀性能、更长的使用寿命。

2)桥架安装

(1)电缆桥架层次排列应是弱电控制电缆在最上层,接着一般控制电缆、低压动力电缆、高压动力电缆依次往下排列。这种排列有利于屏蔽干扰、电力电缆冷却,方便施工。

(2)电缆桥架装置的最大载荷、支撑间距小于允许载荷和支撑跨距。

(3)选择电缆桥架的宽度时应留有一定的备用空位,以便今后增加电缆使用。

(4)当电力电缆和控制电缆较少时,可敷设在同一电缆桥架内,但中间要用隔板将电力电缆和控制电缆隔开敷设。

(5)电缆桥架水平敷设时,桥架之间的连接头应尽量设置在跨距的约1/4处。水平走向的电缆每隔2m左右固定一次,垂直走向的每隔1.5m左右固定一次。

(6)电缆桥架装置应有可靠接地。如利用桥架作为接地干线,应将每层桥架的端部用16mm² 铜线连接(并联)起来,与总接地干线相通,长距离的电缆桥架每隔30~50m接地一次。

(7)电缆桥架装置除需屏蔽装保护罩外,在室外安装时应在其顶层加装保护罩,防止日晒、雨淋。如需焊接安装,焊件四周的焊缝厚度不得小于母材的厚度,焊口处必须经防腐处理。

4. 母线槽

1)用途及构造

密集型插接封闭母线槽具有双重功能,一是传输电能,二是用作配电设备。特别适合高层建筑、多层工业厂房等场所作为配电线路和变压器与高低压配电屏连接用。通过插接开关箱,可将电流很容易地分配到用电设备。

密集型插接封闭母线槽具有结构紧密、传输负荷电流大、占据空间小、系列配套、安装迅速方便、施工周期短、运行安全可靠和使用寿命长等特点,并具有较高的绝缘性和动、热稳定性。

密集型插接密闭母线槽是把铜(铝)母线用绝缘板夹在一起,用空气绝缘或缠包绝缘带绝缘后置于优质钢板的外壳内组合而成。

2) 密集型插接封闭母线槽的型号规格

由于目前国内各母线槽生产厂家很多,没有统一的名字和制造标准,因此在选用时一定要按各厂的型号核定清楚后再确定。

密集型插接封闭母线的型号规格表示方法如图 1-9 所示。

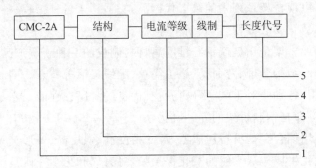

注:1——CMC:密集型绝缘母线槽,CCX:插接式密集绝缘母线槽;

2——母线槽结构单元代号;

3——母线槽额定电流(电压)等级代号;

4——线制代号;

5——标准长度代号。

图 1-9 密集型插接封闭母线的型号规格表示方法

5. 配管

常用电气配管所用管材选择及适用场所如下。

1) 电线管

电线管管壁较薄,适用于干燥场所的明、暗配敷设。

2) 焊接钢管

焊接钢管管壁较厚,适用于潮湿、有机械外力、有轻微腐蚀气体场所的明、暗配敷设。

3) 硬质聚氯乙烯管

硬质聚氯乙烯管耐腐蚀性较好,易变形老化,机械强度次于钢管,适用于腐蚀性较大的场所的明、暗管敷设。但不得在高温和易受机械损伤的场所敷设。

4) 半硬质阻燃管

半硬质阻燃管刚柔结合,易于施工,劳动强度较低,质量轻,运输较为方便,适用于一般民用建筑的照明工程暗配敷设,不得在高温场所和顶棚内敷设。半硬质阻燃管是聚氯乙烯管,采用套接法连接。

5）无增塑刚性阻燃管

无增塑刚性阻燃管具有抗压力强、耐腐蚀、防虫害、阻燃、绝缘，与钢管相比，质量轻、运输方便、易截易弯，适用于建筑场所的明、暗配管。

6）可挠性塑料管

可挠性塑料管适用于1kV以下照明、动力线路明敷或暗敷，但不得在高温和易受机械损伤的场所敷设，以及高层建筑中作竖向电源引线配管。

7）可挠性金属管

可挠性金属管是指普利卡金属套管，它是由镀锌钢带（Fe、Zn）、钢带（Fe）及电工纸（P）构成双层金属制成的可挠性电线、电缆保护套管，主要用于混凝土内埋设及低压室外电气配管。

8）套接紧定式镀锌钢导管（JDG管）

JDG管是针对厚壁钢导管在电线管路敷设中存在施工复杂状况而研制的。所采用的施工技术是吸收国外同类施工技术后的改进型。由钢导管、连接套管及其金属附件采用螺钉紧定连接技术组成的电线管路，是敷设电压1kV以下绝缘电线专用保护管路的一种形式。该类产品及螺钉紧定连接技术组合后形成的电线管路，性能指标均达到国家标准的规定。

9）套接扣压式薄壁钢导管（KBG管）

KBG管是近年来开发用于低压布线工程绝缘电线保护管的，是针对电线管、焊接钢管管材在作绝缘电线保护管的敷设工程中施工复杂的状况而研制，具有较好的技术经济性能。KBG管的推出是建筑电气线路敷设的一项重大革新。KBG管以其技术先进、结构合理、施工方便等特点，已广泛运用在全国各地的工程项目中，并得到一致的好评。

6. 电气装置件

电气装置配件种类很多，民用开关箱内的配件、工业上的开关配件等型号品种非常丰富，这里只介绍最常用的开关与插座。在专业图纸中，开关（照明线路）的变化最为复杂，插座线路是比较简单的。

1）插座

插座一般分为单相插座和三相插座：单相插座提供的是220V电压，三相插座可以提供380V电压。插座电气线路中的三相四线是指三根相线（火线）与一根零线，三相五线就是在三相四线的基础上增加一根接地线，又称重复接地，以增加接地的可靠性。

常用插座型号规格如AP86Z13-10、AP86Z223-10，其中AP表示暗装，86代表86型，Z代表插座，13代表一个3眼插孔，223代表二个电源插孔，分别为一个2眼插孔和一个3眼插孔，10代表插座的额定电流为10A。

2）开关

开关按并在一起的个数划分为单联、双联、三联至多联；按一个灯由几个开关控制分为单控、双控、三控至多控，常用的一般为双控，三控以上的线路比较复杂，工程实际中极少使用。

开关的名称标注如AP86K21-10：AP表示暗装，86代表86型，K代表开关，第一个数字代表"联"的数量，第二个数字代表"控"的数量，常用开关名称及型号见表1-9。

表 1-9　常用开关名称及型号

序号	开 关 名 称	对应的型号
1	单联单控暗开关	AP86K11-10
2	双联单控暗开关	AP86K21-10
3	三联单控暗开关	AP86K31-10
4	单联双控暗开关	AP86K12-10
5	双联双控暗开关	AP86K22-10
6	三联双控暗开关	AP86K32-10

任务 1.3　识读建筑电气工程施工图

1. 建筑电气工程施工图概述

现代房屋建筑中要安装许多电气设施和设备,如照明灯具、电源插座、电视、电话、消防控制装置、各种工业与民用的动力装置、控制设备与避雷装置等。每项电气工程或电气设施,都要经过专门的设计在图纸上表达出来。这些有关的图纸就是建筑电气施工图(也称电气安装图),主要包括如下几方面的内容。

1) 图纸目录

图纸目录一般先列出新绘制的图纸,然后列出本工程选用的标准图,最后列出重复使用图,内容有序号、图纸名称、编号、张数等。

2) 设计说明

电气施工图设计以图样为主,设计说明为辅。设计说明主要针对在图样上不易表达的或可以用文字统一说明的问题,如工程的土建概况,工程的设计范围,工程的类别、级别(防火、防雷、防爆级别),电源概况,导线、照明、开关及插座选型,电气保护措施,自编图形符号,施工安装要求和注意事项等。

3) 平面图

常用的电气平面图有变配电所平面图、动力平面图、照明平面图、防雷平面图、接地平面图、弱电平面图等。

电气照明平面图中可以表明以下几点。

(1) 进户点、进户线的位置及总配电箱、分配电箱的位置,配电箱的图例符号,还可表明配电箱的安装方式是明装还是暗装,同时根据标注识别电源回路。

(2) 所有导线(进户线、干线、支线)的走向,导线根数,各条导线的敷设部位、敷设方式、导线规格型号、各回路的编号及导线穿管时所用管材管径都应标注在图纸上,但有时为了图面整洁,也可以在系统图或施工说明中统一标明。

电气施工图中的线路都是用单线来表示,在单线上打撇(／)表示导线根数,如 2 根导线不打撇,3 根导线打 3 撇,超过 4 根导线在导线上只打Ⅰ撇,再用阿拉伯数字表示导线根数。

（3）灯具、灯具开关、插座、吊扇等设备的安装位置，灯具的型号、数量、安装容量、安装方式及悬挂高度。

4）系统图

电气系统图有变配电系统图、动力系统图、照明系统图、弱电系统图等。电气系统图只表示电气回路中各元器件的连接关系，不表示元器件的具体情况和安装位置。

电气系统图用单线绘制，虚线所框的范围为配电盘或配电箱。各配电盘、配电箱应标明其编号及所用的开关、熔断器等电器的型号、规格。配电干线及支线应用规定的文字符号标明导线的型号、截面、根数、敷设方式（如穿管敷设，还要标明管材和管径），对各支路应标出其回路编号、用电设备名称、设备容量及计算电流。

5）安装详图

安装详图又称大样图，多以国家标准图集或各设计单位自编的图集作为选用的依据。仅对个别非标准工程项目，才进行安装详图设计。详图的比例一般较大，且一定要结合现场情况，结合设备、构件尺寸详细绘制。

6）电气材料表

电气材料表是把某一工程所需主要设备、元件、材料和有关数据列成表格，填注其名称、符号、型号、规格、数量、备注（生产厂家）等内容。一般置于图中某一位置，应与图纸结合起来阅读。

2. 识读电气照明施工图

1）常用电气元器件图例

室内电气照明施工图主要有照明系统图、照明平面图和施工说明等内容。施工图中各种电气元器件均用图例及符号表示，表1-10为常用电气元器件图例及符号。

表 1-10　常用电气元器件图例及符号

序号	图例	名　称	序号	图例	名　称
1	⊗	白炽灯	6	⊽K	空调 3 眼插座、带开关
2	◐	壁灯	7	⊽P	排风扇
3	◖	半圆球形吸顶灯	8	⌒	明装单相插座
4	──	单管荧光灯	9	⟋●	暗装单极开关
5	⊽	单相暗插座	10	⟋●	暗装二极开关

续表

序号	图例	名　称	序号	图例	名　称
11		声控开关	16	4／ 6／	4 根导线 6 根导线
12		电力配电箱 （盘）	17	⏚	接地线
13		照明配电箱 （盘）	18	⊠	事故照明箱
14	▭	熔断器	19		管线引线符号
15	⧸⧸⧸	电源引入线 3 根导线	20	LD	漏电开关

2）常用导线的敷设方式及敷设部位符号

施工图中导线的敷设方式及敷设部位一般要用文字进行标注，文字符号见表 1-11，表中代号 E 表示明敷，C 表示暗敷。

表 1-11　导线敷设方式和敷设部位的文字符号

序号	导线敷设方式和部位	文字符号	序号	导线敷设方式和部位	文字符号
1	用瓷绝缘子或鼓形绝缘子敷设	K	14	沿钢索敷设	SR
2	用塑料线槽敷设	PR	15	沿屋架或跨屋架敷设	BE
3	用钢线槽敷设	SR	16	沿柱或跨柱敷设	CLE
4	穿水煤气管敷设	RC	17	沿墙面敷设	WE
5	穿焊接钢管敷设	SC	18	沿顶棚面或顶板敷设	CE
6	穿电线管敷设	TC	19	在能进人的吊顶内敷设	ACE
7	穿聚氯乙烯硬质管敷设	PC	20	暗敷设在梁内	BC
8	穿聚氯乙烯半硬质管敷设	FPC	21	暗敷设在柱内	CLC
9	穿聚氯乙烯波纹管敷设	KPC	22	暗敷设在墙内	WC
10	用电缆线桥架敷设	CT	23	暗敷设在地面内	FC
11	用瓷夹敷设	PL	24	暗敷设在顶板内	CC
12	用塑料夹敷设	PCL	25	暗敷设在不能进人的吊顶内	ACC
13	穿金属软管敷设	CP			

3) 识读照明系统图

识读照明系统图的顺序一般按线路走向进行:电源经电缆线路或架空线路进入主配电箱或总配电箱,再从总配电箱经配电线路进入各分配电箱,最后由配电支路管线到各用电设备。所以读图时应从总配电箱、分配电箱到用电设备,即从主电路、分电路至用电器。

图 1-10 为某住宅照明系统图,该住宅楼为六层、三单元,每单元每层有两户。系统图下部为电缆线路,电缆接头终端箱 DJR 的箱体尺寸(宽×高×深)为 300mm×400mm×160mm,安装高度为距地面 0.5m。AL-1-1 主配电箱型号 DJPR(DJ 表示产品系列号,P 表示动力箱,R 表示嵌入式安装),箱体尺寸(宽×高×深)为 600mm×600mm×180mm,安装高度为距地面 1.2m。箱内主开关及分开关均使用 GM 系列断路器,主开关型号为 GM225H-3300/160A;3 个输出回路分开关型号为 GM100H-3300/63A;主配电箱内另一支路使用型号为 XA10-1P-C6A 单极组合式断路器,为电视设备箱提供电源。

从配电箱 AL-1-1 中引出 4 条回路 1L、2L、3L、4L。每条回路均为三相电源,其中,1L、2L、3L 三条分别向各单元供电,回路上方的 3×25+2×16-SC50-FC. WC 表示:3 根导线截面积为 25mm² (3×25),2 根导线截面积为 16mm² (2×16),穿在管径为 50mm 的焊接钢管(SC50)内,暗敷设在地面内、墙内(FC. WC);另一回路 4L 为电视设备箱供电,导线均为铜芯聚氯乙烯绝缘导线。

该住宅同一楼层 3 个单元的配电情况相同,图 1-11 只绘出了其中一个单元的配电图。各单元主配电箱 AL-1-2、AL-1-3、AL-1-4(AL-1-3、AL-1-4 图中省略)均设在一楼,型号为 DJDR-05。其中,DJ 表示产品系列号,DR 表示电能表箱为嵌入式安装。配电箱内装有 3 块电能表,其中 2 块为本层两户户表,1 块为本单元公用电能表。箱体尺寸为 600mm×700mm×160mm,安装高度为 1.5m。配电箱内主开关为 XA10-3P-50A 型断路器,即三极开关(3P),额定电流为 50A。主开关控制全单元用电,配电箱内 3 块电能表均为 DH01 型。单元公用电能表接在主开关后,该电能表后分为 2 个回路,分别为 3L 和 4L。3L 为楼道公共照明,BV-3×2. 5-SC15-WC 表示:有 3 根截面积为 2.5mm² 的聚氯乙烯绝缘铜芯导线(BV),穿在管为 15mm 的焊接钢管内(SC15),沿墙内暗敷(WC)。开关为 XA10 型断路器,额定电流为 6A。4L 为水表、电能表、煤气表三表数据采集箱电源。箱内另外 2 块电能表接在分开关后面,表后面 2 个回路 1L、2L,分别接入各户配电箱 L,分开关为 XA10 型额定电流 20A 的断路器。

4) 识读照明平面图

照明平面图是表示建筑物内照明设备平面布置、线路走向的工程图,图上标明了电源实际进线的位置、规格、穿线管径、配电线路的走向,干支线中的编号、敷设方法,开关、单相插座、照明器具的位置、型号、规格等。一般照明线路走向为:室外电源从建筑物某处进户后,经总配电箱和分配电箱,由干线、支线连接起来,通向各用电设备。其中干线是外线引入总配电箱及由总配电箱至分配电箱的连接线,支线是从分配电箱引至各用电设备的导线。

某单元一层配电平面图如图 1-11 所示。该单元有 A、B 两种户型。一般来说,一层配电平面图与其他标准层相比,除多了单元门厅外,其他基本相同,所以只要读懂了该单元一层平面图,该住宅楼其他楼层的配电状况就全部清楚了。

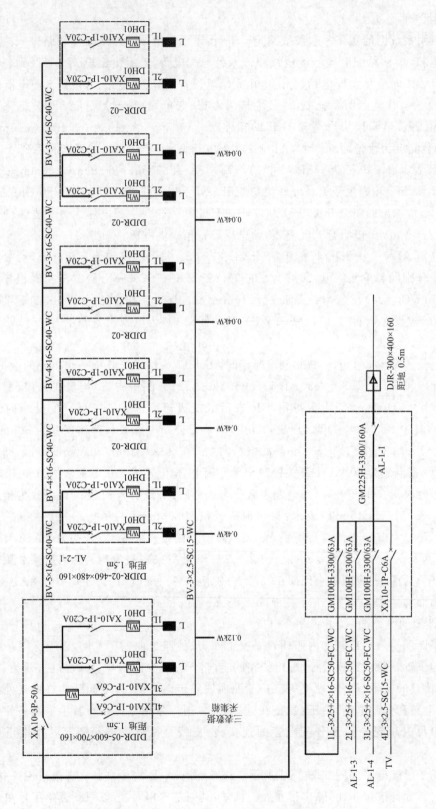

图1-10 某住宅楼照明系统图

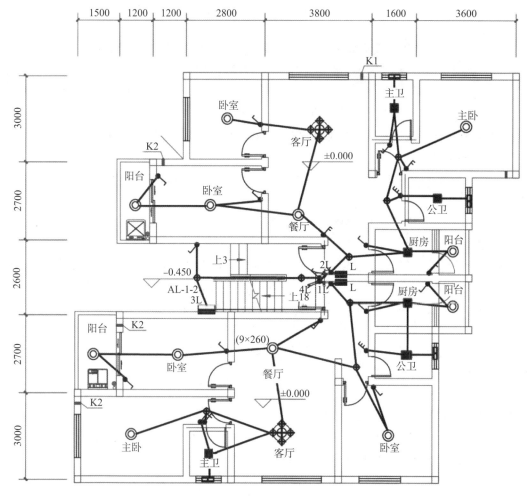

图 1-11 某单元一层配电照明平面图

单元配电箱引出线,从 AL-1-2 箱引出了 1L、2L、3L、4L 共 4 条支路。其中 1L、2L 分别接到两户户内配电箱 L(具体位置如图 1-11 所示),其连接线路采用 3 根截面积 4mm² 的塑料绝缘铜导线连接,穿直径 20mm 的焊接钢管,沿墙内暗敷设。支路 3L 为楼梯照明线路,4L 为预留线路。预留箱安装在楼道墙上。两条支路均用 2 根截面积 2.5mm² 的塑料绝缘铜导线连接,穿直径 15mm 的焊接钢管,沿地面、墙面内暗敷设。支路 3L 从箱内引出后,接吸顶灯,并向上引至二层的吸顶灯,吸顶灯使用声光开关控制。

任务 1.4 熟悉电气安装工程工程量计算规则

1. 变压器安装

(1) 变压器安装,按不同容量以"台"为计量单位。

(2) 干式变压器如果带有保护罩时,其定额人工和机械乘以系数 1.2。

(3) 变压器通过实验,判定绝缘受潮,才需进行干燥,所以只有需要干燥的变压器才能计取此项费用(编制施工图预算时可列此项,工程结算时根据实际情况再作处理),以"台"为计量单位。

(4) 消弧线圈的干燥按同容量电力变压器干燥定额执行,以"台"为计量单位。

(5) 变压器油过滤不论过滤多少次,直到过滤合格为止。以"t"为计量单位,其具体计算方法如下。

① 变压器安装定额未包括绝缘油的过滤,需要过滤时,可按制造厂提供的油量计算。

② 油断路器及其他充油设备的绝缘油过滤,可按制造厂规定的充油量计算。

2. 配电装置安装

(1) 断路器、电流互感器、油浸电抗器、电力电容器及电容器柜的安装以"台(个)"为计量单位。

(2) 隔离开关、负荷开关、熔断器、避雷器、干式电抗器的安装,以"组"为计量单位,每组按三相计算。

(3) 交流滤波装置的安装,以"台"为计量单位。每台装置包括三台组架安装,不包括设备本身及铜母线的安装,其工程量应按相应定额另行计算。

(4) 高压设备安装定额内均不包括绝缘台的安装,其工程量应按施工设计执行相应定额。

(5) 高压成套配电柜和箱式变电站的安装,以"台"为计量单位。均未包括基础槽钢、母线及引下线的配置安装。

(6) 配电设备安装的支架、抱箍及延长轴、轴套、间隔板等,按施工图设计的需要量计算,执行铁构件制作安装定额或成品价。

(7) 绝缘油、六氟化硫气体、液压油等均按设备带有考虑。电气设备以外的加压设备和附属管道的安装工程量应按相应定额另行计算。

(8) 配电设备的端子板外部接线工程量按相应定额另行计算。

(9) 设备安装用的地脚螺栓按土建预埋考虑,不包括二次灌浆。

3. 母线安装

(1) 悬垂绝缘子串安装,指垂直或V形安装的提挂导线、跳线、引下线、设备连接线或设备等所用的绝缘子串安装,按单、双串分别以"串"为计量单位。耐张绝缘子串的安装,已包括在软母线安装定额内。

(2) 支持绝缘子安装分别按安装在户内、户外、单孔、双孔、四孔固定,以"个"为计量单位。

(3) 穿墙套管安装分水平、垂直安装,均以"个"为计量单位。

(4) 软母线安装,指直接由耐张绝缘子串悬挂部分,按软母线截面大小分别以"跨/三相"为计量单位。设计跨距不同时,不得调整。导线、绝缘子、线夹、弛度调节金具等均按施工图设计用量加定额规定的损耗率计算。

① 软母线引下线,指由T形线夹或并沟线夹从软母线引向设备的连接线,以"组"为计量单位,每三相为一组;软母线经终端耐张线夹引下(不经T形线夹或并沟线夹引下)与设备连接的部分均执行引下线定额,不得换算。

② 两跨软母线间的跳引线安装,以"组"为计量单位,每三相为一组。不论两端的耐张

线夹是螺栓式或压接式,均执行软母线跳线定额,不得换算。

③ 设备连接线安装,指两设备间的连接部分。不论引下线、跳线、设备连接线,均应分别按导线截面,三相为一组计算工程量。

④ 组合软母线安装,按三相为一组计算。跨距(包括水平悬挂部分和两端引下部分之和)是以45m以内考虑的,跨度的长与短不得调整。导线、绝缘子、线夹、金具按施工图设计用量加定额规定损耗率计算。

⑤ 带形母线及带形母线引下线安装包括铜排、铝排,分别以不同截面和片数以"m/单相"为计量单位。母线和固定母线的金具均按设计量加损耗率计算。

⑥ 钢带形母线安装,按同规格的铜母线定额执行,不得换算。

⑦ 母线伸缩接头及铜过渡板安装均以"个"为计量单位。

⑧ 槽形母线安装以"m/单相"为计量单位。槽形母线与设备连接分别以连接不同的设备以"台"为计量单位。槽形母线及固定槽形母线的金具按设计用量加损耗率计算。壳的大小尺寸以"m"为计量单位,长度按设计共箱母线的轴线长度计算。

⑨ 低压(指380V以下)封闭式插接母线槽安装分别按导体的额定电流大小以"m"为计量单位,长度按设计母线轴线长度计算,分线箱以"台"为计量单位,分别以电流大小按设计数量计算。

⑩ 重型母线安装包括铜母线、铝母线,分别按截面大小以母线的成品质量以"t"为计量单位。

⑪ 重型铝母线接触面加工指铸造件需加工接触面时,可按其接触面大小,分别以"片/单相"为计量单位。

⑫ 硬母线配置安装预留长度按表1-12规定计算。

表 1-12 硬母线配置安装预留长度　　　　　　　　单位:m/根

序号	项　目	预留长度	说　明
1	带形、槽形母线终端	0.3	从最后一个支持点算起
2	带形、槽形母线与分支线连接	0.5	分支线预留
3	带形母线与设备连接	0.5	从设备端子接口算起
4	多片重型母线与设备连接	1.0	从设备端子接口算起
5	槽形母线与设备连接	0.5	从设备端子接口算起

⑬ 带形母线、槽形母线安装均不包括支持瓷绝缘子安装和构件配置安装,其工程量应分别按设计成品数量执行相应定额。

4. 控制设备及低压电器

(1) 控制设备及低压电器安装均以"台"为计量单位。以上设备安装均未包括基础槽钢、角钢的制作安装,其工程量应按相应定额另行计算。

(2) 铁构件制作安装均按施工图设计尺寸,以成品质量"kg"为计量单位。

(3) 网门、保护网制作安装,按网门或保护网设计图示的框外围尺寸,以"m²"为计量单位。

（4）盘柜配线分不同规格，以"m"为计量单位。

（5）盘、箱、柜的外部进出线预留长度按表 1-13 计算。

表 1-13　盘、箱、柜的外部进出线预留长度　　　　　　单位:m/根

序号	项　目	预留长度	说　明
1	各种箱、柜、盘、板、盒	高＋宽	盘面尺寸
2	单独安装的铁壳开关、自动开关、刀开关、启动器、箱式电阻器、变阻器	0.5	从安装对象中心算起
3	继电器、控制开关、信号灯、按钮、熔断器等小电器	0.3	从安装对象中心算起
4	分支接头	0.2	分支线预留

（6）配电板制作安装及包铁皮，按配电板图示外形尺寸，以"m²"为计量单位。

（7）焊（压）接线端子定额只适用于导线，电缆终端头制作安装定额中已包括压接线端不得重复计算。

（8）端子板外部接线按设备盘、箱、柜、台的外部接线图计算，以"个"为计量单位。

（9）盘柜配线定额只适用于盘上小设备元件的少量现场配线，不适用于工厂的设备修、配、改工程。

盘柜配线计算公式:各种盘、柜、箱板的半周长×元器件之间的连接线根数。

5. 电机检查接线及调试

（1）发电机、调相机、电动机的电气检查接线，均以"台"为计量单位。直流发电机组和多台一串的机组，按单台电机分别执行定额。

（2）电气安装规范要求每台电机接线均需要配金属软管，设计有规定的按设计规格和数量计算;设计没有规定的，平均每台电机配相应规格的金属软管 1.25m 和与之配套的金属软管专用活接头。

（3）电机检查接线定额中，除发电机和调相机外，均不包括电机干燥，发生时其工程量应按电机干燥定额另行计算。电机干燥定额是按一次干燥所需的工、料、机消耗量考虑的，在特别潮湿的地方，电机需要进行多次干燥，应按实际干燥次数计算。在气候干燥、电机绝缘性能良好，符合技术标准不需要干燥时，则不计算干燥费用。实行包干的工程，可参照以下比例，由有关方面协商而定。

① 低压小型电机为 3kW 以下的，按 25% 的比例考虑干燥。

② 低压小型电机为 3kW～220kW 的，按 30%～50% 的比例考虑干燥。

③ 大、中型电机，按 100% 考虑一次干燥。

（4）小型电机按电机类别和功率大小执行相应定额;大、中型电机不分类别，一律按电机质量执行相应定额。

6. 电缆

（1）电缆敷设中涉及土方开挖回填、破路等，执行建筑工程计价定额。

（2）直埋电缆的挖、填土（石）方量，除特殊要求外，可按表 1-14 计算土方量。

表 1-14 直埋电缆的挖、填土(石)方量

项 目	电 缆 根 数	
	1~2	每增加一根
每米沟长挖方量/m³	0.45	0.153

注:① 两根以内的电缆沟,按上口宽度 600mm、下口宽度 400mm、深度 900mm 计算常规土方量(深度按规范的最低标准)。

② 每增加一根电缆,其宽度增加 170mm。

③ 以上土方量系按埋深从自然地坪算起,如设计埋深超过 900mm 时,多挖的土方量应另行计算。

(3)电缆沟盖板揭、盖定额,按每揭或每盖一次以"延长米"计算。如又揭又盖,则按两次计算。

(4)电缆保护管长度,除按设计规定长度计算外,遇有下列情况,应按以下规定增加保护管长度。

① 横穿道路,按路基宽度两端各增加 2m。

② 垂直敷设时管口距地面增加 2m。

③ 穿过建筑物外墙者,按基础外缘以外增加 1m。

④ 穿过排水沟,按沟壁外缘以外增加 1m。

(5)电缆保护管埋地敷设,其土方量凡有施工图注明的,按施工图计算;无施工图的一般按沟深 0.9m,沟宽按最外边的保护管两侧边缘外各增加 0.3m 工作面计算。

(6)电缆敷设长度应根据敷设路径的水平和垂直敷设长度,另按表 1-15 规定增加附加长度。

表 1-15 电缆敷设预留长度

序号	项 目	预留长度	说 明
1	电缆敷设弛度、波形弯度、交叉	2.5%	按电缆全长计算
2	电缆进入沟内或吊架时引上、引下预留	1.5m	规范规定最小值
3	变电所进线、出线	1.5m	规范规定最小值
4	电力电缆终端头	1.5m	检修余量最小值
5	电缆中间接头盒	两端各留 2.0m	检修余量最小值
6	电缆进入控制、保护屏及模拟盘等	高+宽	按盘面尺寸
7	电缆进入建筑物	2.0m	规范规定最小值
8	高压开关柜及低压配电盘、箱	2.0m	规范规定最小值
9	电缆至电动机	0.5m	从电机接线盒起算
10	厂用变压器	3.0m	从地坪起算
11	电缆绕过梁、柱等增加长度	按实计算	按被绕物的断面情况计算增加长度
12	电梯电缆与电缆架固定点	每处 0.5m	规范最小值

注:① 电缆附加及预留的长度是电缆敷设长度的组成部分,应计入电缆长度工程量之内。

② 以上表"电缆敷设的附加长度"不适用于矿物绝缘电缆预留长度、矿物绝缘电缆预留长度。

（7）电缆终端头及中间头均以"个"为计量单位。电力电缆和控制电缆均按一根电缆有两个终端头考虑。中间电缆头设计有图示的,按设计确定。设计没有规定的,按实际情况计算(或按平均250m一个中间头考虑)。

（8）16mm² 以下截面电缆头执行压接线端子或端子板外部接线。

（9）吊电缆的钢索及拉紧装置的工程量,应按本册相应定额另行计算。

（10）钢索的计算长度以两端固定点的距离为准,不扣除拉紧装置的长度。

7. 防雷及接地装置

（1）接地极制作安装以"根"为计量单位。其长度按设计长度计算,设计无规定时,每根按2.5m计算。若设计有管帽,管帽另按加工件计算。

（2）避雷带、避雷网、接地母线敷设,按设计长度以"m"为计量单位计算工程量,其长度按施工图设计的水平和垂直长度另加3.9%的附加长度(包括转弯、上下波动、避绕障碍物、搭接头所占长度)计算。计算主材费时另加规定的损耗率。

（3）接地跨接线以"处"为计量单位,按规范规定凡是需要做接地跨接线的工程内容,每跨接一次按一处计算,户外配电装置构架均需接地,每副构架按"一处"计算。

（4）避雷针的加工制作安装以"根"为计量单位,独立避雷针安装以"基"为计量单位。长度、高度、数量均按设计规定。避雷针的加工制作应执行"一般铁件"制作定额或按成本计算。

（5）半导体长针消雷装置以"套"为计量单位,按设计安装高度分别执行相应定额。装置本身由设备制造厂成套供货。

（6）利用建筑物内主筋作接地引下线安装以"10m"为计量单位,每根柱子内按焊接两根主筋考虑,如果焊接主筋数超过两根时,可按比例调整。

（7）接地断接卡子制作安装以"套"为计量单位,按设计规定装置的断接卡子数量计算;接地检查井内的断接卡子安装按每井一套计算,井的制作执行相应定额。

（8）高层建筑物屋顶的防雷接地装置应执行"避雷网安装"定额,电缆支架的接地线安装应执行"户内接地母线敷设"定额。

（9）均压环敷设以"m"为单位计算,主要考虑利用圈梁内主筋作均压环接地连线,焊接时按两根主筋考虑,超过两根时,可按比例调整。长度按设计需要作为均压接地的圈梁中心长度,以延长米来计算。

（10）钢窗、铝窗接地以"处"为计量单位(高层建筑六层以上的金属窗设计一般要求接地),按设计要求接地的金属窗数进行计算。

（11）柱子主筋与圈梁连接按"处"为计量单位,每处按两根主筋与两根圈梁钢筋分别按焊接连接考虑。如果焊接主筋和圈梁钢筋超过两根,可按比例调整,需要连接的柱子和圈梁钢筋"处"数按规定设计计算。

8. 配管配线

（1）各种配管应区别不同敷设方式、敷设位置、管材材质、规格,以"延长米"为计量单位,不扣除管路中间的连接箱(盒)、灯头盒、开关盒所占长度。

（2）定额中未包括钢索架设及拉紧装置、接线盒、支架的制作安装,其工程量应另行计算。

（3）管内穿线的工程量,应区别线路性质、导线材质、导线截面,以单线"延长米"为计量单位。线路分支接头线的长度已综合考虑在定额中,不另行计算。照明线路中的导线截面积大于或等于 $6mm^2$ 时,应执行动力线路穿线相应项目。

（4）线夹配线工程量,应区别线夹材质(塑料、瓷质)、线式(两线、三线)、敷设位置(在木、砖、混凝土)及导线规格,以线路"延长米"为计量单位。

（5）绝缘子配线工程量,应区别绝缘子形式(针式、鼓形、蝶式)、绝缘子配线位置(沿屋架、梁、柱、墙,跨屋架、梁、柱,木结构、顶棚内砖混凝土结构,沿钢支架及钢索)、导线截面积,以线路"延长米"为计量单位计算。绝缘子暗配,引下线按线路支持点至天棚下缘距离的长度计算。

（6）槽板配线工程量,应区别槽板材料(木质、塑料)、配线位置(木结构、砖、混凝土)、导线截面、线式(二线、三线),以线路每米"延长米"为计量单位计算。

（7）塑料护套线明敷设工程量,应区别导线截面、导线芯数(二芯、三芯)、敷设位置(木结构、砖混凝土结构、铅钢索),以单根线路"延长米"为计量单位计算。

（8）线槽配线工程量,应区别导线截面,以单根线路"延长米"为计量单位计算。若为多芯导线,当为三芯导线时,按相应截面定额子目基价乘以系数1.2;当为四芯导线时,按相应截面定额子目基价乘以系数1.4;当为八芯导线时,按相应截面定额子目基价乘以系数1.8;当为十六芯导线时,按相应截面定额子目基价乘以系数2.1。

（9）钢索架设工程量,应区别圆钢、钢索直径($\phi6mm$、$\phi9mm$),按图示墙(柱)内缘距离,以"延长米"为计量单位计算,不扣除拉紧装置所占长度。

（10）母线拉紧装置及钢索拉紧装置制作安装工程量,应区别母线截面、花篮螺栓直径(M12、M16、M18),以"套"为计量单位计算。

（11）车间带形母线安装工程量,应区别母线材质(铝、钢)、母线截面、安装位置(沿屋架、梁、柱、墙,跨屋架、梁、柱),以"延长米"为计量单位计算。

（12）动力配管混凝土地面刨沟工程量,应区别管子直径,以"延长米"为计量单位计算。

（13）接线箱安装工程量,应区别安装形式(明装、暗装)、接线箱半周长,以"个"为计量单位计算。

（14）接线盒安装工程量,应区别安装形式(明装、暗装、钢索上)及接线盒类型,以"个"为计量单位计算。

（15）灯具、明(暗)开关、插座、按钮等的预留线,已分别综合在相应定额内,不另行计算。

（16）配线进入开关箱、柜、板的预留线,按表1-16的长度,分别计入相应的工程量。

表 1-16　配线进入开关箱、柜、板的预留线(每一根线)

序号	项　　目	预留长度	说　　明
1	各种配电箱、开关柜、配电板等	宽＋高	盘面尺寸
2	单独安装(无箱、盘)的铁壳开关、刀开关、启动器、母线槽进出线盒等	0.3m	从安装对象中心算起

续表

序号	项　　目	预留长度	说　　明
3	由地面管子出口引至动力接线箱	1.0m	从管口计算
4	电源与管内导线连接(管内穿线与软、硬母线接点)	1.5m	从管口计算
5	出户线	1.5m	从管口计算

(17) 桥架安装,按桥架中心线长度,以"10m"为计量单位。

9. 照明灯具安装

(1) 普通灯具安装的工程量,应区别灯具的种类、型号、规格,以"套"为计量单位计算。普通灯具安装定额适用范围见表1-17。

表 1-17　普通灯具安装定额适用范围

定额名称	灯　具　种　类
圆球吸顶灯	材质为玻璃的螺口、卡扣圆球独立吸顶灯
半圆球吸顶灯	材质为玻璃的独立的半圆球吸顶灯、扁圆罩吸顶灯、平圆形吸顶灯
方形吸顶灯	材质为玻璃的独立的矩形罩吸顶灯、方形罩吸顶灯、大口方罩吸顶灯
软线吊灯	利用软线作为垂吊材料,独立的,材质为玻璃、塑料、搪瓷,形状如碗伞、平盘灯罩组成的各式软线吊灯
吊链灯	利用吊链作为辅助悬吊材料,独立的,材质为玻璃、塑料罩的各式吊链灯
防水吊灯	一般防水吊灯
一般弯脖灯	圆球弯脖灯、风雨壁灯
一般墙壁灯	各种材质的一般壁灯、镜前灯
软线吊灯头	一般吊灯头
声光控座灯头	一般声控、光控座灯头
座灯头	一般塑胶、瓷质座灯头

(2) 吊式艺术装饰灯具的工程量,应根据装饰灯具示意图集所示,区别不同装饰物及灯体直径垂吊长度,以"套"为计量单位计算。灯体直径为装饰物的最大外缘直径。灯体垂吊长度为灯座底部到灯梢之间的总长度。

(3) 吸顶式艺术装饰灯具安装的工程量,应根据装饰灯具示意图集所示,区别不同装饰物、吸盘的几何形状、灯体直径、灯体周长和灯体垂吊长度,以"套"为计量单位计算。灯体直径为吸盘最大外缘直径;灯体半周长为矩形吸盘的半周长;吸顶式艺术装饰灯具的灯体垂吊长度为吸盘到灯梢之间的总长度。

(4) 荧光艺术装饰灯具安装的工程量,应根据装饰灯具示意图集所示,区别不同安装形式和计量单位计算。

① 组合荧光灯光带安装的工程量,应根据装饰灯具示意图集所示,区别安装形式、灯管数量,以"延长米"为计量单位计算,灯具的设计数量与定额不符时可以按设计量加损耗量调整主材。

② 内藏组合式灯安装的工程量,应根据装饰灯具示意图集所示,区别灯具组合形式,以"延长米"为计量单位。当灯具的设计数量与定额不符时,可根据设计数量加损耗量调整主材。

③ 发光棚安装的工程量,应根据装饰灯具示意图集所示,以"m²"为计量单位,发光棚灯具按设计用量加损耗量计算。

④ 立体广告灯箱、荧光灯光沿的工程量,应根据装饰灯具示意图所示,以"延长米"为计量单位。当灯具设计用量与定额不符时,可根据设计数量加损耗量调整主材。

(5) 几何形状组合艺术灯具安装的工程量,应根据装饰灯具示意图集所示,区别不同安装形式及灯具的不同形式,以"套"为计量单位计算。

(6) 标志、诱导装饰灯具安装的工程量,应根据装饰灯具示意图集所示,区别不同安装形式,以"套"为计量单位计算。

(7) 水下艺术装饰灯具安装的工程量,应根据装饰灯具示意图集所示,区别不同安装形式,以"套"为计量单位计算。

(8) 点光源艺术装饰灯具安装的工程量,应根据装饰灯具示意图集所示,区别不同安装形式、不同灯具直径,以"套"为计量单位计算。

(9) 草坪灯具安装的工程量,应根据装饰灯具示意图集所示,区别不同安装形式,以"套"为计量单位计算。

(10) 歌舞厅灯具安装的工程量,应根据装饰灯具示意图集所示,区别不同灯具形式,分别以"套""延长米""台"为计量单位计算。装饰灯具安装定额适用范围见表1-18。

表 1-18 装饰灯具安装定额适用范围

序号	定额名称	灯具种类
1	吊式艺术装饰灯具	不同材料、不同类型垂吊长度、不同灯体直径的蜡烛灯、挂片灯、串珠(穗)、串棒灯、吊杆式组合灯、玻璃罩(带装饰)灯
2	吸顶式艺术装饰灯具	不同材料、不同类型垂吊长度、不同灯体几何形状的串珠(穗)、串棒灯、挂片挂碗、挂吊蝶灯、玻璃罩(带装饰)灯
3	荧光式艺术装饰灯具	不同安装形式、不同灯管数量的组合荧光灯光带,不同几何组合形式的内藏组合式灯,不同几何尺寸、不同灯具形式的发光棚,不同形式的立体广告灯箱荧光灯管
4	几何形状组合艺术灯具	不同固定形式、不同灯具形式的繁星灯、钻石星灯、礼花灯、玻璃罩钢架组合灯、凸片灯、反射挂灯、筒形钢架组合灯、U形组合灯、弧形管组合灯
5	标志、诱导装饰灯具	不同安装形式的标志灯、诱导灯
6	水下艺术装饰灯具	简易型彩灯、喷水池灯、幻光型灯
7	点光源艺术装饰灯具	不同安装形式、不同灯体直径的筒灯、牛眼灯、射灯、轨道射灯
8	草坪灯具	各种立柱式、墙壁式的草坪灯
9	歌舞厅灯具	各种安装形式的变色转盘灯、雷达射灯、幻影转彩灯、维纳斯转彩灯、卫星地面旋转效灯、飞碟旋转效灯、多头转灯、滚筒灯、频闪灯、太阳灯、雨灯、歌星灯、边界灯、射灯、泡泡发生器、迷你满天星彩灯、迷你单粒(盘彩灯)、多头宇航灯、镜面球灯、蛇灯

（11）荧光灯具安装的工程量，应区别灯具的安装形式、灯具种类、灯管数量，以"套"为计量单位计算。

（12）工厂灯及防水防尘灯安装的工程量，应区别不同安装形式，以"套"为计量单位计算。工厂灯及防水防尘灯安装定额适用范围见表1-19。

表1-19　工厂灯及防水防尘灯安装定额适用范围

定额名称	灯具种类
直杆工厂吊灯	配罩（GC_1-A）、广照（GC_3-A）、深照（GC_5-A）、斜照（GC_7-A）、圆球（GC_{17}-A）、双罩（GC_{19}-A）
吊链式工厂灯	配罩（GC_1-B）、深照（GC_3-B）、斜照（GC_5-C）、圆球（GC_7-B）、双罩（GC_{19}-A）、广照（GC_{19}-B）
吸顶式工厂灯	配罩（GC_1-C）、广照（GC_3-C）、深照（GC_5-C）、斜照（GC_7-C）、双罩（GC_{19}-C）
弯杆式工厂灯	配罩（GC_1-D/E）、广照（GC_3-D/E）、深照（GC_5-D/E）、斜照（GC_7-D/E）、圆球（GC_{17}-D/E）、双罩（GC_{19}-C）、局部深照明（GC_{26}-F/H）
悬挂式工厂灯	配罩（GC_{21}-2）、深照（GC_{23}-2）
防水防尘灯	广照（GC_9-A、B、C）、广照保护网（GC_{11}-A、B、C）、散照（GC_{15}-A、B、C、D、E、F、G）

（13）工厂其他灯具安装的工程量，应区别不同灯具类型、安装形式、安装高度，以"套""个""延长米"为计量单位计算，工厂其他灯具安装定额适用范围见表1-20。

表1-20　工厂其他灯具安装定额适用范围

定额名称	灯具种类
防潮灯	扁形防潮灯（GC-31）、防潮灯（GC-33）
腰形舱顶灯	腰形舱顶灯 CCD-1
碘钨灯	DW 型、220V、300～1000W
管型氙气灯	自然冷却式 200V/380V、20kW 内
投光灯	TG 型室外投光灯
高压汞灯镇流器	外附式镇流器 125～450W
安全灯	（AOB-1、2、3）（AOC-1、2）型安全灯
防爆灯	CBC-200 型防爆灯
高压水银防爆灯	CBC-125/250 型高压水银防爆灯
防爆荧光灯	CBC-1/2 单/双管防爆型荧光灯

（14）医院灯具安装的工程量，应区别灯具种类，以"套"为计量单位计算。医院灯具安装定额适用范围见表1-21。

表1-21　医院灯具安装定额适用范围

定额名称	灯具种类
病房指示灯	病房指示灯
病房暗脚灯	病房暗脚灯
无影灯	3～12 孔管式无影灯

（15）路灯安装工程，应区别不同臂长、不同灯数，以"套"为计量单位计算。

工厂厂区内、住宅小区内路灯安装执行《电气设备安装工程》中的相应定额，城市道路的路灯安装应执行相关市政定额。路灯安装定额范围见表1-22。

表 1-22　路灯安装定额范围

定额名称	灯具种类
大马路弯灯	臂长1200mm以下、臂长1200mm以上
庭院路灯	三火以下、七火以下

10. 附属工程

铁构件制作安装均按施工图设计尺寸，以成品质量"kg"为计量单位。

11. 电气调整试验

（1）电气调试系统的划分以电气原理系统图为依据。电气设备元件的本体试验均包括在相应定额的系统调试之内，不得重复计算。绝缘子和电缆等单体试验，只在单独试验时使用。在系统调试定额中各工序的调试费用如需单独计算，可按表1-23所示比例计算。

表 1-23　电气调试系统各工序调试的费用比例

阶　　段	发电机、调相机系统/%	变压器系统/%	送配电设备系统/%	电动机系统/%
一次设备本体试验	30	30	40	30
附属高压及二次设备试验	20	30	20	30
继电器仪表实验	30	20	20	20
一次电流及二次回路检查	20	20	20	20

（2）电气调试所需的电力消耗已包括在定额内，一般不另计算。但10kW以上电动机及发电机的启动调试用的蒸气、电力和其他动力能源消耗及变压器空载试运转的电力消耗需另行计算。

（3）供电桥回路的断路器、母线分段断路器均按独立的送配电设备系统计算调试费。

（4）送配电设备系统调试是按一侧有一台断路器考虑的，若两侧均有断路器，则应按两个系统计算。

（5）送配电设备系统调试适用于各种供电回路（包括照明供电回路）的系统调试。凡供电回路中带有仪表、继电器、电磁开关等调试元件的（不包括刀开关、熔断器）均按调试系统计算。移动式电器和以插座连接的家电设备已经厂家调试合格，不需要用户自调的设备，均不应计算调试费用。

（6）变压器系统调试以每个电压侧有一台断路器为准。多于一个断路器的，按相应电压等级送配电设备系统调试的相应定额另行计算。

（7）干式变压器调试执行相应容量变压器调试定额乘以系数0.8。

（8）特殊保护装置均以构成一个保护回路为一套，其工程量计算规定如下（特殊保护装置未包括在各系统调试定额之内，应另行计算）。

① 发电机转子接地保护，按全厂发电机共用一套考虑。

② 距离保护,按设计规定所保护的送电线路断路器台数计算。

③ 高频保护,按设计规定所保护的送电线路断路器台数计算。

④ 故障录波器的调试,以一块屏为一套系统计算。

⑤ 失灵保护,按该保护的断路器台数计算。

⑥ 失磁保护,按所保护的电机台数计算。

⑦ 变流器的断电保护,按变流器台数计算。

⑧ 小电流接地保护,按装设该保护的供电回路断路器台数计算。

⑨ 保护检查及打印机调试,按构成该系统的完整回路为一套计算。

(9) 自动装置及信号系统调试均包括继电器、仪表等元件本身和二次回路的调整试验,具体规定如下。

① 备用电源自动投入装置按联锁机构的个数确定备用电源自投装置系统数。一个备用厂用变压器,作为三段厂用工作母线备用的厂用电源,计算备用电源自动投入装置调试时,应为三个系统。装设自动投入装置的两条互为备用的线路或两台变压器,计算备用电源自动投入装置调试时,应为两个系统。备用电动机自动投入装置也按此计算。

② 线路自动重合闸调试系统按采用自动重合闸装置的线路自动断路器的台数计算系统数。综合重合闸也按此规定计算。

③ 自动调频装置的调试以一台发电机为一个系统。

④ 同期装置调试按设计构成一套能完成同期并车行为的装置为一个系统计算。

⑤ 蓄电池及直流监视系统调度,一组蓄电池按一个系统计算。

⑥ 事故照明切换装置调试按设计能完成交直流切换的一套装置为一个调试系统计算。

⑦ 周波减负荷装置调试,凡有一个周率继电器,不论带几个回路,均按一个调试系统计算。

⑧ 变送器屏以屏的个数计算。

⑨ 中央信号装置调试按每个变电所或配电室为一个调试系统计算工程量。

⑩ 不间断电源装置调试按容量以"套"为计量单位计算。

(10) 接地网的调试规定具体内容如下。

① 接地网接地电阻的测定:一般的发电厂或变电站连为一体的母网,按一个系统计算;自成母网不与厂区母网相连的独立接地网,另按一个系统计算。大型建筑群各有自己的接地网(接地电阻值设计有要求),虽然在最后也将各接地网连在一起,但应按各自的接地网计算,不能作为一个网,具体应按接地网的试验情况而定。

② 避雷针接地电阻的测定:每种避雷针均有单独接地网(包括独立的避雷针、烟囱避雷针等)时,均按一组计算。

③ 独立的接地装置电阻计算:如一台柱上变压器有一独立的接地装置,即按一组计算。

(11) 避雷器、电容器的调试按每三相为一组计算,单个装设的也按一组计算,上述设备如设置在发动机、变压器、输配电线路的系统或回路内,仍应按相应定额另外计算调试费用。

(12) 高压电气除尘系统调试按一台升压变压器、一台机械整流器及附属设备为一个系统计算,分别按除尘器 $1m^2$ 范围执行定额。

（13）硅整流装置调试按一套硅整流装置为一个系统计算。

（14）普通电动机的调试分别按电动机的控制方式、功率、电压等级，以"台"为计量单位。

（15）晶闸管调速直流电动机调试以"系统"为计量单位，其调试内容包括晶闸管整流装置系统和直流电动机控制回路系统两个部分的调试。

（16）交流变频调速电动机调试以"系统"为计量单位，其调试内容包括变频装置系统和交流电动机控制回路系统两个部分的调试。

（17）微型电机指功率在0.75kW以下的电机，不分类别，一律执行微电机综合调试定额，以"台"为计量单位。电动功率在0.75kW以上的电机调试应按电机类别和功率分别执行相应的调试定额。

（18）一般的住宅、学校、办公楼、旅馆、商店等民用电气工程的供电调试应按下列规定。

① 配电室内带有调试元件的盘、箱、柜和带有调试元件的照明主配电箱，应按供电方式执行相应的"配电设备系统调试"定额。

② 每个用户房间的配电箱（板）上虽装有电磁开关等调试元件，但如果生产厂家已按固定的常规参数调整好，不需要安装单位进行调试就叫直接投入使用，那么不得计取调试费用。

③ 民用电能表的调整校验属于供电部门的专业管理，一般皆由用户向供电局订购调试完毕的电能表，不得另外计算调试费用。

（19）高标准的高层建筑、高级宾馆、大会堂、体育馆等具有较高控制技术的电气工程（包括照明工程中由程控调光控制的装饰灯具），应按控制方式执行相应的电气调试定额。

学习笔记

思考与练习题

1. 简答题

(1) 请概括配管、配线工程量计算规则。

_____

_____

_____

(2) 请概括接地母线、避雷带、避雷引下线工程量计算规则。

_____

_____

_____

2. 计算题

(1) 某简易住宅,层高3.0m,楼板厚度0.2m,由照明平面图(图1-12)可知房间装有单管吸顶式荧光灯、圆球形吸顶灯,暗装板式开关高度距地1.4m,配电箱外形尺寸为500mm(宽)×300mm(高),箱底距地1.5m,配电箱出线为BV-2×2.5穿PVC16管,沿顶棚、墙暗敷设,其中2根、3根线穿管PVC16,4根穿管PVC20,计算此房间的各分部分项工程量,填入表1-24中。

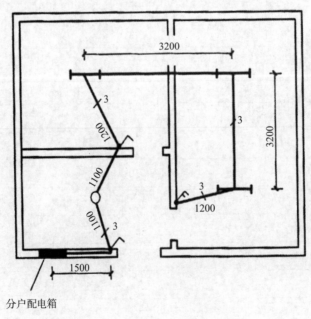

图1-12 某简易住宅照明平面图

表 1-24　分部分项工程量计算书

规 格 型 号	单位	计 算 过 程	计算结果
PVC16	m		
BV-2.5	m		
单管荧光灯	只		
吸顶灯	只		
单联单控开关	只		
双联单控开关	只		
配电箱	台		
开关盒	个		
接线盒	个		
端子板外部接线 BV-2.5	个		

　　(2) 某照明工程按图纸计算的镀锌钢管工程量为 2000m,管内均穿 3 根 BV-2.5 的导线,配电箱出线共有 10 个回路,配电箱的外形尺寸为 600mm(宽)×400mm(高),请分别计算配管和配线清单工程量。

---

　　(3) 某综合楼电气安装工程,根据设计图纸计算出电缆型号为 YJV-4×35+1×16,长度为 350m(设计图示尺寸),穿镀锌钢管 SC80 的工程量为 300m,需制作安装户内干包式电力电缆终端头 10 个,请计算电力电缆清单工程量。

---

　　(4) 某 8 层民用建筑防雷接地工程,利用构造柱内 4 根主筋引下至地平下 0.8m,共 10 处引下点,层高为 3m,女儿墙高出屋面 0.9m,屋面避雷带利用-25×4 镀锌扁钢沿女儿墙敷设,女儿墙长度为 280m,避雷带支架高 0.1m,试计算避雷带及避雷引下线的工程量。

综 合 实 训

综合实训 1

请根据给定的某车间电气工程图纸及其他条件,按照《建设工程工程量清单计价规范》(GB 50500—2013)及《通用安装工程工程量计算规范》(GB 50856—2013),计算图纸范围内电气安装工程的工程量。

1. 图纸及设计说明

(1)建筑物为单层砖混结构,净高为 4.0m,楼板为现浇,厚度为 200mm;建筑物室内外高差 0.3m。

(2)电缆埋地穿管入户,室外管道埋深 0.8m。照明线路全部穿管暗敷 BV-2.5,3 根、4 根穿 SC20,5 根、6 根穿 SC25,其余穿管规格及敷设方式按系统图(图 1-14)。

(3)动力配电箱 AP,从厂家非标定制成品,尺寸 800mm(高)×600mm(宽)×200mm(深),嵌入式安装,底边安装高度距地面 1.5m。

(4)轴流风机规格型号为 T35-11,No.4,1450r/min,3000m³/h,380V/10kW,墙壁安装,电机接线盒距地 2.5m。

(5)该工程图例见表 1-25,配电箱 AP 系统图如图 1-13 所示,照明平面图如图 1-14 所示,插座、动力平面图如图 1-15 所示。照明 BIM 模型如图 1-16 所示。

表 1-25 主要设备材料表

序号	符号	设备名称	型号规格	单位	安装方式
1		轴流风机	T35-11,No.4,1450r/min, 3000m³/h,10kW	个	墙壁安装,电机接线盒距地 2.5m
2		暗装四联单控开关	86K41-10	个	距地 1.3m
3		暗装三联单控开关	86K31-10	个	距地 1.3m
4		单相二、三极暗插座	86Z223-10	个	距地 0.3m
5		广照灯	60W 节能灯	只	吸顶
6		吸顶灯	22W 节能灯	只	吸顶
7		双管荧光灯	2×28W	只	吸顶
8		动力配电箱 AP	800mm(高)×600mm(宽)× 200mm(深)	台	距地 1.5m

注:安装高度指设备底边离地面的距离。

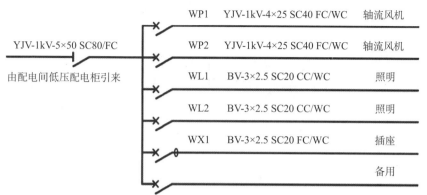

教学视频:
照明工程 BIM 模型

图 1-13 配电箱 AP 系统图

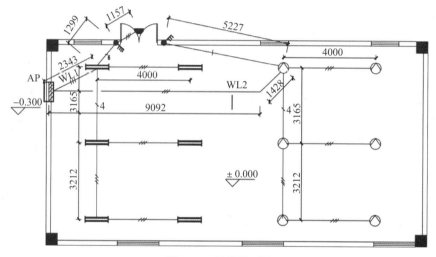

图 1-14 照明平面图

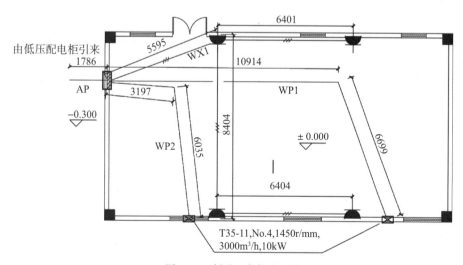

图 1-15 插座、动力平面图

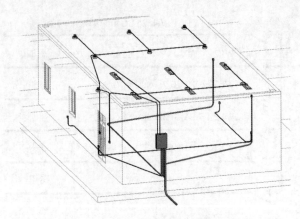

图 1-16 照明 BIM 模型

2. 答题要求

(1) 水平尺寸在图纸中已标注,单位为 mm。

(2) 电气配管进入地坪或顶板的深度均按楼板厚度的一半,即按 100mm 计算。

(3) 仅计算进线电缆配管及电缆头工程量,不计算进线电缆的工程量。

(4) 不考虑室外土方工程量及电机检查接线调试。

3. 实训任务

根据设计说明、图纸及电气工程工程量计算规范,计算该电气工程工程量。

计算照明工程量
答案解析

(1) 完成管线工程量计算书,填入表 1-26 中。

表 1-26 工程量计算书

1. WL1 回路:
SC25 水平:
垂直:
SC25 总长度:
SC20 水平:
垂直至配电箱:
至开关:
SC20 总长度:
BV-2.5
2. WL2 回路:
SC20 水平:
垂直至配电箱:
至开关:
SC20 总长度:

续表

BV-2.5:	
3. WX1 回路:	
SC20 水平:	
垂直至配电箱:	
至插座:	
SC20 总长度:	
BV-2.5:	
4. 引至配电箱电源进线:	
SC80:	
5. WP1 回路:	
SC40 水平:	
垂直:	
SC40 总长度:	
YJV-4×25:	
6. WP2 回路:	
SC40 水平:	
垂直:	
SC40 总长度:	
YJV-4×25:	

（2）将图中工程量汇总后填入表 1-27。

表 1-27 工程量汇总表

序号	分部分项工程量名称	单位	数量
1	双管荧光灯具	套	
2	广照灯	套	
3	吸顶灯	套	
4	三联单控开关	个	
5	四联单控开关	个	
6	单相暗插座	个	
7	配电箱安装	台	

序号	分部分项工程量名称	单位	数量
8	开关盒	个	
9	接线盒	个	
10	管内穿线铜芯线 BV-2.5	m	
11	电力电缆 YJV-4×25	m	
12	镀锌钢管 SC80	m	
13	镀锌钢管 SC40	m	
14	镀锌钢管 SC25	m	
15	镀锌钢管 SC20	m	
16	轴流风机	台	
17	端子板外部接线 BV-2.5	个	
18	电缆头制作	个	

综合实训 2

请根据给定的某教室电气工程图纸及其他条件,按照《建设工程工程量清单计价规范》(GB 50500—2013)及《通用安装工程工程量计算规范》(GB 50856—2013),计算图纸范围内电气安装工程的工程量。

1. 图纸及设计说明

(1) 建筑物为砖混结构,净高为 3.3m,楼板为现浇,厚度为 200mm。建筑物室内外高差 0.3m。

(2) 电源采用三相四线制、电缆埋地穿管入户,室外管道埋深 0.8m。配线线路全部穿管暗敷 BV-2.5,2 根、3 根穿 PC16,4 根、5 根穿 PC20,照明平面图如图 1-17 所示,其余穿管规格及敷设方式按照明系统图(图 1-18)。

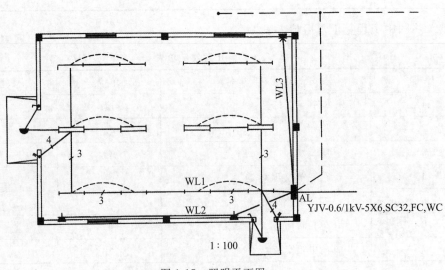

图 1-17 照明平面图

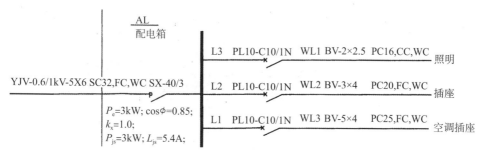

图 1-18 照明系统图

（3）系统接地设在配电箱 AL 下，采用－40×4 镀锌扁钢，埋地敷设，埋深 0.7m；接地极采用镀锌圆钢 $\phi25×2500$；接地电阻要求不大于 1Ω。

（4）配电箱 AL 型号为 PZ30，从厂家订购成品，尺寸为 600mm（宽）×400mm（高）×120mm（深），底边安装高度距地面 1.5m。

（5）灯具及开关插座安装高度见表 1-28。

表 1-28 灯具及开关插座安装高度

序号	名　称	型号规格	安装高度	备　注
1	单联单控开关	A86K11-10	底边距地 1.3m	
2	双联单控开关	A86K21-10	底边距地 1.3m	
3	暗插座	A86Z14A25	底边距地 0.3m	
4	暗插座	A86Z223A10	底边距地 0.3m	
5	荧光灯	YG2-2,2×36W	吸顶安装	
6	荧光灯	YG2-1,1×36W	吸顶安装	
7	半圆球吸顶灯	$\phi350mm$,32W	吸顶安装	

2. 答题要求

（1）进配电箱 AL 的管线，仅计算电缆配管部分（出外墙 1.5m），不计算电缆的工作量。

（2）尺寸在图纸中按比例量取（1：100）。

（3）电气配管进入地坪或顶板的深度均按 100mm 计算。

（4）不考虑土方工程量。

3. 实训任务

根据图纸、设计说明及电气安装工程工程量计算规范，完成图纸范围内的工程量计算书，填入表 1-29 中。

表 1-29 工程量计算书

序号	项目名称	单位	工程量计算式	合　计

续表

序号	项　目　名　称	单位	工程量计算式	合　计

综合实训 3

请根据给定的防雷接地工程图纸及其他条件,按照《建设工程工程量清单计价规范》(GB 50500—2013)及《通用安装工程工程量计算规范》(GB 50856—2013),计算该防雷接地工程的工程量。

1. 图纸及设计说明

(1)基础接地母线利用地梁内 2 根 $\phi16$ 主筋相互连接成电气通路,地梁高度为−2.0m。

(2)接地引下线利用柱内 2 个 $\phi16$ 主筋上下焊牢,引至基础地梁钢筋,距地 0.5m 处做好接地测试点。

(3)总等电位箱距地 0.5m,采用 40×4 镀锌扁钢与基础接地体可靠连接,连接 2 处。

(4)接地电阻不大于 1Ω。

(5)屋面防雷平面图如图 1-19 所示,基础接地平面图如图 1-20 所示。

2. 实训任务

根据防雷接地工程量计算规范,完成图纸范围内防雷接地工程量计算,填入表 1-30 中。

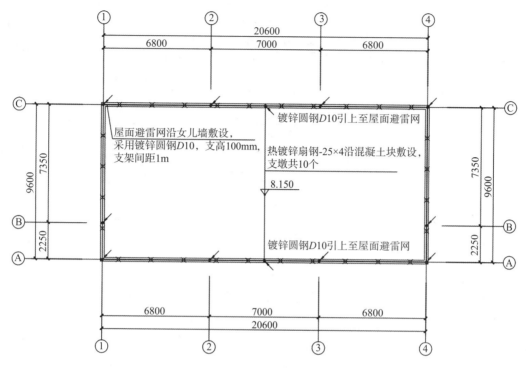

图 1-19 屋面防雷平面图

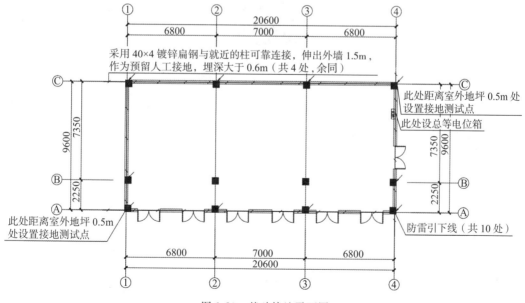

图 1-20 基础接地平面图

表 1-30　防雷接地工程量计算书

序号	名　称	型号规格	单位	工程量
1	避雷网	支架敷设圆钢 $D10$	m	
计算过程：				
2	避雷网	沿支墩敷设-25×4	m	
计算过程：				
3	引下线	利用柱主筋	m	
计算过程：				
4	接地	利用圈梁钢筋	m	
计算过程：				
5	接地	镀锌扁钢-40×4	m	
计算过程：				
6	总等电位箱		只	
7	接地测试点	距地 0.5m	个	
8	柱主筋与圈梁钢筋焊接		处	
9	接地电阻测试	接地电阻不大于 1Ω	系统	
10	混凝土支墩		个	

教学视频:计算防雷接地工程量

项目 2 计算建筑给排水工程量

项目概述

本项目通过对建筑给排水工程的组成及分类、常用器具及材料、识读建筑给排水施工图，以及建筑给排水工程量计算规则等内容的讲解，使学生能够初步具备计算给排水工程工程量的技能。

教学目标

知 识 目 标	能 力 目 标	素 质 目 标
1. 了解排水工程的组成及分类 2. 认识给排水安装工程常用器具及材料 3. 具备建筑给排水施工图识读的基本知识 4. 熟悉给排水工程工程量计算规范及计算方法	1. 具备识读给排水工程图纸的能力 2. 具备运用给排水工程量计算规范的能力 3. 具备计算所给图纸给排水工程量的能力 4. 具备自主学习及解决问题的能力	1. 遵循国家专业规范、标准，能在工程实践中严格贯彻执行 2. 培养认真严谨的职业素质 3. 培养敬业、精益、专注、创新的建筑安装工匠精神

任务 2.1 了解建筑给排水系统的组成与分类

给排水工程是为了满足建筑物内部各种用水设备的水量并将废水收集和排放出去的工程，可以分为室内、室外给水工程和室内、室外排水工程，具体分类如下。

1. 室内给水工程

室内给水工程是从室外供水管网引水，供室内各种用户用水的工程，按用途分为生活给水系统、生产给水系统、消防给水系统、联合给水系统。室内给水系统一般均由以下几个基本部分组成。

引入管：为穿过建筑物承重墙或基础，自室外给水管将水引入室内给水管网的管段。

水表节点：水表装设于引入管上，与其附近的闸门、放水口等构成水表节点。

给水管网：由水平干管、立管和支管等组成的管道系统。

用水设备:配水龙头、卫生器具和生产用水设备。

给水附件:给水管道上的闸阀、止回阀等。

此外,由于升压和储水的需要,常附设水泵、水箱或气压给水装置及蓄水池等。

2. 室外给水工程

室外给水工程是指向民用和工业生产部门提供用水而建造的工程设施,主要指自来水厂设施及城乡自来水市政管网,包括取水、净水、泵站及输配水工程。

3. 室内排水工程

室内排水工程是将建筑物内部的污(废)水通畅地排入室外管网的工程,按所排水性质的不同可分为生活污水管道、工业废水管道、雨水管道。室内排水系统一般由以下几个基本部分组成。

卫生器具:收集污水、废水的设备,是室内排水管网的起点,经过存水弯和排水短管流入横支管、干管,最后排入室外排水管网。

横支管:其作用是将卫生器具排水管流来的污水排至立管。

立管:立管接收各横支管流来的污水,然后排至排出管。为了保证污水畅通,立管管径不应小于任何一根接入的横支管的管径。

排出管:室内排水立管与室外排水检查井之间的连接管段,它接收一根或几根立管流来的污水并将其排至室外排水管网。

通气系统:其作用是将污水在室内外排水管道中产生的臭气及有毒害的气体排放到大气中,同时使管内在污水排放时的压力变化尽量稳定并接近大气压力。

清通设备:室内排水系统一般需设置三种清通设备,即检查口、清扫口和检查井。

特殊设备:污水抽升设备和污水局部处理设备。当卫生器具的污水不能自流排至室外排水管道时,需设水泵和集水池等抽升设备。当污水不允许直接排入室外排水管道时,需设置局部污水处理设备,使污水水质得到初步改善后再排入室外排水管道。

4. 室外排水工程

室外排水工程是指把室内由于生产或生活排出的污水、废水按一定系统组织起来,分别经过污水处理厂处理并达到排放标准后,再排入天然水体。屋面汇集的雨雪水如未经污染,可不经处理直接排至室外排水管网。

任务 2.2　认识建筑给排水工程常用器具及材料

1. 常用金属管材

给水排水、采暖、燃气工程常用管材种类很多,按制造材质的不同可分为不锈钢管、铸铁管和有色金属管等。

1) 无缝钢管

无缝钢管通常使用在需要承受较大压力的管道上。无缝钢管的规格以外径乘以壁厚表示。无缝钢管一般采用焊接和法兰连接。无缝钢管成品管件不多,有无缝冲压弯头(也称压制弯)和无缝异径管,其材质应与相连接的无缝钢管材质相同,无缝钢管可根据需要制成不同弯曲半径的煨制弯。无缝钢管在给排水管道上很少使用,在民用安装工程中,无缝钢管一般用于采暖和煤气管道,但广泛应用于压力较高的工业管道工程。

2) 有缝钢管

有缝钢管又称为焊接钢管,有镀锌钢管和非镀锌钢管(也称焊接钢管)两种,规格通常以公称直径表示。镀锌钢管和配件一般采用螺纹连接,DN100 以上常用卡箍连接。非镀锌钢管一般用螺纹连接或者焊接。螺纹连接的连接配件包括管箍、大小头、活接头、补芯、外螺丝、弯头、三通、异径三通、丝堵等。

3) 铸铁管

铸铁管按其用途和压力可分为给水铸铁管和排水铸铁管,按其连接方式可分为承插式和法兰式两种。铸铁管承插接口填料根据要求有青铅、石棉水泥、膨胀水泥和水泥等。

给水铸铁管,按其材质分为球墨铸铁管和普通灰口铸铁管。给水铸铁管具有耐腐蚀性强、使用期长、价格较低等优点,适宜作埋地管道。其缺点是性脆、长度小、质量大。给水铸铁管的配件有异径管、三承三通、三承四通、双承三通、双承弯头、单承弯头、套筒、短管等。

国产的排水铸铁管是用灰口生铁浇铸而成的,具有耐腐蚀性较好、使用耐久、价格较低等优点,常用作埋入地下的给排水管道。铸铁排水管的配件有三通、斜三通、异径三通、弯头、大小头、四通、P 弯、S 弯、检查口等,附件有清扫口、地漏等。

4) 不锈钢管

不锈钢根据材质分有很多种,其中 304 不锈钢是一种通用型的不锈钢材料。304 不锈钢具有优良的不锈钢耐腐蚀性能和较好的抗晶间腐蚀性能。304 不锈钢管常被用作食品、医药行业的生产工艺管道和民用建筑的自来水供应、热水供应、净水供应等的管道。与其他材质(如聚丙烯管、聚乙烯管等)相比,其价格偏高。薄壁不锈钢水管以其优越的卫生性、耐腐蚀性、美观性、档次高、寿命长等各项指标,成为综合性能非常好的管道之一。厚壁不锈钢管可采用焊接、法兰连接,薄壁不锈钢管可采用卡压连接。

5) 铜管

铜管按材质可分为纯铜管和黄铜管。铜管的导热性能好,适用于工作在 250℃ 以下,厚壁铜管可采用焊接、螺纹连接;薄壁铜管可采用胀接、卡压连接等。铜管常用于高档宾馆的给水系统、热水供应系统、净水供应系统和变制冷剂流量(variable refrigerant volume,VRV)空调系统。

2. 常用非金属管材

1) 硬聚氯乙烯塑料(unplasticized polyvinyl chloride,UPVC)管

UPVC 管可分为给水用 UPVC 管和排水用 UPVC 管,目前在建筑内使用的排水塑料管通常是 UPVC 管。它具有质量轻、耐腐蚀、不结垢、内壁光滑、水流阻力小、外表美观、容易切割、便于安装、节省投资和节能等优点,但也有缺点,如强度低、耐温性能差(使用温度为 −5～+50℃)、线性膨胀量大、立管产生噪声、易老化、防火性能差等。

排水塑料管的管件包括 90°弯头、45°弯头、三通、立管检查口、带检查口存水弯、S 形存水弯、P 形存水弯、变径、伸缩节、管件粘接承口、套筒、通气帽等。

2) 聚乙烯塑料(polyethylene,PE)管

PE 管内外壁光滑,介质在流动时阻力小,在管内外不会滋生藻类、细菌或真菌,不会结

垢,广泛用于燃气输送、给水、排污、农业灌溉及油田、化工和邮电等领域,特别在燃气输送上应用比较普遍。PE管采用热熔连接,使用寿命可达50年。PE管件包括直通、异径直通、正三通、变径三通、90°弯头、丝扣接头、堵头等,连接方式分为热熔和电熔。

3)聚丙烯塑料(polypropylene-random,PPR)管

PPR管不但具有一般塑料管材的质量轻、强度好、耐腐蚀等优点,还具有无毒卫生、耐热保温、防冻裂、连接安装简单可靠、原料可回收等优点。在公共及民用建筑中用于输送冷热水,在工业建筑和设施中用于输送日常用水、油或腐蚀性液体。PPR管道的连接方式有热熔连接、电熔连接、丝扣连接与法兰连接。PPR管与金属管件连接时,应采用带金属嵌件的聚丙烯管件作为过渡,此时管件与塑料管采用热熔连接。与金属管件或洁具五金配件采用丝扣连接。PPR管件有90°弯头、45°弯头、异径弯头、法兰连接件、阀门等径管套、异径管套、管帽、正三通、异径三通、内丝管套、外丝管套、内丝弯头、外丝弯头、内丝三通、外丝三通、丝堵、活接头等。

4)铝塑复合管

铝塑复合管兼具塑料管与金属管的特点,具有耐腐蚀、不回弹、阻隔性好、安装简单、耐高温、流阻小、美观、使用寿命长等优良性能。铝塑复合管的连接方式有螺纹连接和压力连接。铝塑复合管与镀锌钢管安装对比,由于复合管刚柔兼备,可任意弯曲,安装时省去了不少管件和人工成本。所以从经济角度分析,复合管比镀锌钢管便宜。

5)塑料波纹管

塑料波纹管在结构设计上采用特殊的"环形槽"式异型断面,突破了普通管材的"板式"传统结构,具有足够的抗压和抗冲击强度,又具有良好的柔韧性,根据其成型方法的不同可分为单壁波纹管和双壁波纹管。波纹管兼备优异的柔韧性,同时具有耐压、耐冲击的性能,通常用于市政排水管网的支管网。

6)聚丁烯塑料管

聚丁烯塑料管可用于建筑用各种热水管及供水管、输气管和大型管道。其卫生性能好,无毒无害,抗冻、耐热、施工安装简单,使用寿命长。

其他常用的非金属管材还有混凝土管、钢筋混凝土管、陶土管、石棉水泥管等,常用于室外排水管道。

3. 法兰

法兰按材质分有铸铁法兰、铸钢法兰、碳钢法兰、耐酸钢法兰等;按连接方式分有平焊连接法兰、螺纹连接法兰等;按压力分有低压法兰、中压法兰、高压法兰三种。其中铸铁法兰一般采用螺纹连接,钢制法兰常用平焊连接。

法兰在管道安装中使用较广,特别是管道与法兰阀门连接、管道与设备连接,一般采用法兰连接。选用法兰通常有三个因素:直径、压力和材质,一般情况下,相同公称直径、相同公称压力的法兰(或法兰阀门)才可相互连接。

4. 阀门

阀门是用来开闭管路、控制流向、调节和控制输送介质的参数(温度、压力和流量)的管路附件。根据其功能,可分为关断阀、止回阀、调节阀等。

1）阀门的分类

阀门按公称压力分为低压、中压、高压三种,按输送介质分为水、蒸汽、空气、耐酸阀门等,按材质分为铸铁、铸钢、不锈钢阀门等,按接口方式分为焊接、螺纹阀门等,按驱动方式分为手动、自动和自控阀门等。

2）阀门产品型号的组成

阀门产品型号很多,如 J11T-10、Z44W-10K、Q44W-6K 等,这些在施工图材料表上可能注明,但型号意义代表什么,编制预算的人员必须具备这方面的知识。阀门产品型号一般由七个单元组成,阀门编号顺序及含义如图 2-1 所示。

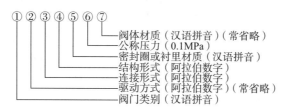

图 2-1 阀门编号顺序及含义

其中,第一单元阀门类别代号见表 2-1,第三单元连接形式代号见表 2-2。

表 2-1 阀门类别代号

阀门类型	闸阀	截止阀	节流阀	球阀	蝶阀	隔膜阀	旋塞阀	止回阀	疏水器	安全阀	减压阀
代号	Z	J	L	Q	D	G	X	H	S	A	Y

表 2-2 连接形式代号

连接形式	内螺纹	外螺纹	法兰	法兰	法兰	焊接	对夹	卡箍	卡套
代号	1	2	3	4	5	6	7	8	9

注:① 法兰连接代号 3 仅用于双弹簧安全阀。

② 法兰连接代号 5 仅用于杠杆式安全阀。

③ 单弹簧安全阀及其他类阀门系法兰连接时,采用代号 4。

3）常用阀门的用途及特点

截止阀:一般用于气、水管道上,其主要作用是关断管道某一个部分。

闸阀:一般装于管路上作启闭管路及设备中介质用,其特点是介质通过时阻力很小。

止回阀:只允许介质流向一个方向,当介质流向相反时,阀门自动关闭。

排污阀:装于温度不低于 300℃、工作压力不高于 1.3MPa 的蒸汽锅炉上,其作用为排除锅炉内水的沉淀物和污垢。

旋塞阀:装于管路中,用来控制管路启闭的一种开关设备。

安全阀:当压力超过规定标准时,从安全门中自动排出多余的介质。

减压阀:用于将蒸汽压力降低,并能保证此压力在一定范围内不变。

疏水器:装于蒸汽管路、散热器等蒸汽设备上,以阻止蒸汽池漏水和自动排除冷凝水,是一种将蒸汽和冷却水自动分离的装置。

浮球阀:高位水箱、水池、水塔等储水器中进水部分的自动开关设备。当水箱中的水位低于规定位置时,即自动打开,让水进入水箱;当水位达到规定位置时,即自动关闭,停止进水。

5. 水泵和水箱

在室外给水管网压力经常或周期性不足的情况下,为了保证室内给水管网所需压力,常设置水泵和水箱。在消防给水系统中,为了供应消防时所需的压力,也常需设置水泵。

1) 水泵

在建筑设备工程中广泛应用的是离心式水泵,其结构简单,体积小,效率高,运转平稳。

离心式水泵的水靠离心力由径向甩出,从而得到很高的压力,将水输送到需要的地点。在水被甩走的同时,水泵进水口形成真空,由于大气压力的作用,吸水池中的水通过吸水管压向水泵进口,进而流入泵体。由于电动机带动叶轮连续回转,离心泵均匀、连续地将水压送到用水点或高位水箱。

2) 高位水箱

在下列情况下,常设置高位水箱:室外给水管网中的压力周期性地小于室内给水管网所需的压力;在某些建筑物中,需储备事故备用水或消防储备水;在室内给水系统中,需要保证有恒定的压力。水箱通常用钢板或钢筋混凝土建造,其外形有圆形及矩形两种。圆形水箱结构上较为经济,矩形水箱则便于布置。水箱上设有下列管道:进水管、出水管、溢流管、泄水管、水位信号装置、托盘排水管等。

任务 2.3　识读建筑给排水施工图

1. 给排水施工图的组成

1) 图纸目录、设计说明

设计人员把一套施工图纸按照前后顺序编排好图纸目录,作为图纸前后排列和清点图纸的索引。设计说明的主要内容包括设计依据、设计标准、主要技术数据等。

2) 总平面图

总平面图是指表示某一区域、小区、街道、村镇、几幢房屋等的室外管网平面布置的施工图。

3) 平面图

平面图是施工图中最常见的一种图样,主要表达建(构)筑物和设备的平面布置,管线的水平走向、排列和规格尺寸,以及管子的坡度和坡向、管径和标高等具体数据。

4) 剖面图

剖面图主要表达建(构)筑物和设备的立面布置,管线垂直方向的排列和走向,以及每根管线的编号、管径和标高等具体数据。

5) 系统图

系统图是利用轴测图原理,在立体空间反映管路、设备及器具相互关系的系统全貌的图形,并标注管道、设备及器具的名称、型号、规格、尺寸、坡度、标高等内容。

6）大样详图

大样详图是对施工图中的局部范围,通过放大比例、标明尺寸及做法而绘制的局部详图,如管道节点图、接口大样图等。

7）标准图

标准图是一种具有通用性质的图样。标准图中标有成组管道、设备或部件的具体图形和详细尺寸。它一般不能作为单独进行施工的图纸,只能作为某些施工图的一个组成部分。标准图由国家或有关部门出版标准图集,作为国家标准或部颁标准等。

8）非标准图

非标准图是指具有特殊要求的装置、器具及附件,不能采用标准图,而独立设计的加工或安装图。这种图只限某工程一次性使用。

9）设备和材料表

设备和材料表是指工程所需的各种设备和主要材料的名称、规格、型号、材质、数量等的明细表,作为建设单位设备订货和材料采购的清单。

设计者根据工程内容和规模,决定出图的内容和数量,全面清楚地表达设计意图。

2. 施工图图例及符号

图例及符号是工程图纸上用来表达语言的字符。工程设计人员只有利用各种统一规范的图例及符号去发现、标注工程各部位的名称、内容和要求等,才能给出一套完整的施工图纸。工程技术人员只有熟悉和掌握各种图例及符号,才能理解图纸的内容和要求。

常用给排水管道及构配件图例见表 2-3。

表 2-3 常用给排水管道及构配件图例符号

序号	名 称		图 例	序号	名 称	图 例
1	管道	用于一张图内只有一种管道		6	室内消防栓(双口)	
		用汉语拼音字母表示管道类别	J(给水) W(污水)	7	截止阀	
		用图例表示管道类别	J W	8	放水龙头	
2	检查口			9	多孔管	
3	清扫口			10	延时阀自闭冲洗阀	
4	通气帽			11	存水弯	
5	圆形地漏			12	洗涤盆	

续表

序号	名　称	图　例	序号	名　称	图　例
13	污水池		16	淋浴喷头	
14	自动喷洒头		17	矩形化粪池	HC
15	坐式大便器		18	水表井(与流量计同)	

3. 室外给排水图的识读

1) 室外给排水图的识读方法

室外给排水图按平面图→管道纵横剖面图→管道节点图的顺序进行读图,读图时注意分清管径、管件和构筑物,以及它们之间的相互位置关系、流向、坡度坡向、覆土等有关要求和构件的详细长度、标高等。

2) 室外给排水图的读图实例

图 2-2 为某施工项目给排水总平面图,图上标出了给水管的水源(干管),管子进入建筑物的起始点,阀门井、水表井、消防栓井,以及管径、标高等内容。另外,图中还标出了排水管的出口、流向、检查井(窨井)、坡度、埋深标高等。

从图 2-2 可以看到给水系统由当地供水干管引入,通过高压给水阀门井和低压给水阀门井接入给水管。低压给水管和消防给水管管径 $d=100$,高压给水管管径 $d=150$,在进入建筑物前,设置了高压水表井、低压水表井和消防栓井。给水管的标高一般指管子中心的标高,即本例中管子标高"-1.80"是指管子中心标高。

从给排水总图 2-2 上可看到排水管比给水管多,构造也稍复杂,每栋房屋有 6 个起始窨井,由这些井再流入较深的井,最后流入城市污水总干管。图 2-2 中标出了管子的首尾埋深标高,以及管子的管径、长度、流向和坡度。排水管的标高一般指管底标高。

4. 室内给排水工程图的识读

1) 室内给水工程施工图

室内给水系统一般都是通过平面图和系统图来表达,识读时应把平面图和系统图结合对照,整体了解室内给水管道工程。

室内给水系统的一般组成:外管→进户管→水表井→水平干管→立管→水平支管→用水设备。一般按如下顺序识读给水施工图:首先阅读施工说明,了解设计意图;再由平面图对照系统图阅读,一般按供水流向,由底层至顶层逐层看图;弄清整个管路全貌后,再对管路中的设备、器具的数量、位置进行分析;最后了解和熟悉给排水设计和验收规范中部分卫生器具的安装高度,以利于计算管道工程量。

给水平面图主要表示供水管线在室内的平面走向、管子规格、用水器具及设备、阀门、附件等。平面图上一般用实线(有时用点画线)表示给水管线,给水立管用符号"JL"表示,当给水立管超过一根时,一般采用编号加以区别,如 JL-01、JL-02 分别表示第一根给水立管和第二根给水立管。

2) 室内排水工程施工图

室内排水系统的一般组成:卫生设备→水平支管→立管→水平干管→垂直干管→出户管→室外检查井。

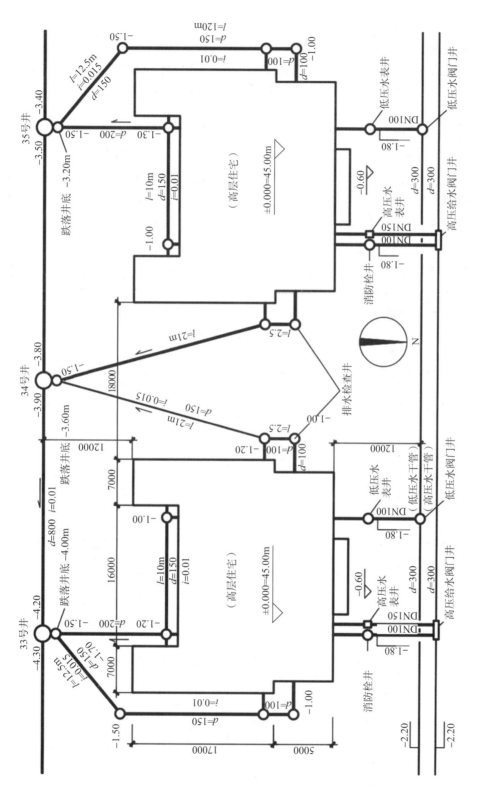

图2-2　给排水总平面图

　　室内排水工程施工图的内容与给水工程相同,主要包括平面图、系统图及详图等。阅读时将平面图和系统图结合起来,由用水设备起,沿排水的方向进行顺序阅读。

　　排水平面图主要表示室内排水管的走向、管径及污水排出装置,如大便器、小便器、地漏等的位置。平面图上一般用虚线表示排水管道,排水立管用符号"WL"表示,当排水立管超过一根时,也采用编号加以区别,如 WL-01、WL-03 分别表示第一根排水立管和第三根排水立管。

　　3) 室内给排水工程图读图实例

　　(1) 给排水平面图——给水管。图 2-3 为某住宅首层给排水平面图,其给水管道均用实线表示。给水管道总管设在①轴线附近,给水干管沿建筑物外围敷设,其中沿建筑物的下面①~③轴线间引干管进入室内,进入房间分别是卫生间、厨房等,并在房屋中设立管(JL-01~JL-02)通向各楼层。外围给水管道距墙的距离为 1.0m。

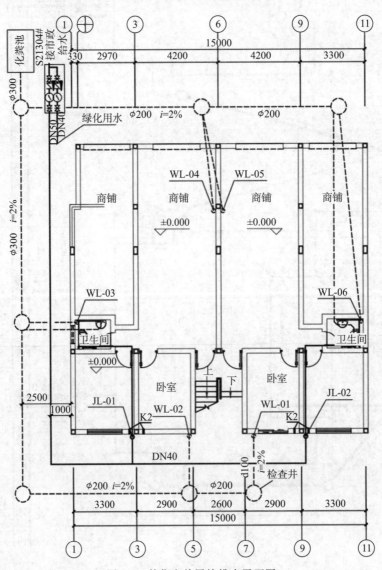

图 2-3　某住宅首层给排水平面图

图 2-4 为住宅二至五层给排水平面图,其中 JL-01、JL-02 立管与水平干管相连,沿卫生间墙敷设,并在洗脸盆、蹲式大便器及淋浴头处设支管及水龙头供水,水平管预埋在楼面内,进入各房间的卫生间和厨房。给水管道均采用 PPR 给水管。

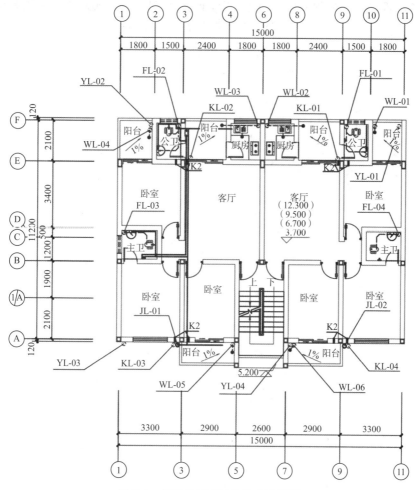

图 2-4　住宅二至五层给排水平面图

（2）给排水平面图——排水管。由图 2-3 可知,排水管均用虚线表示,与每个用水设备连接的排水支管排出污水,污水流向水平的排水支管并集中到各层的排水立管,再流向底层直至排出污水。卫生间中各用水设备的支管,如洗脸盆的排水支管、地面地漏的排水支管、大便器的排水支管所排出的污水流向水平干管,再流向 FL-01～FL-04 立管直至流向底层排出,而 WL-01～WL-06 是将阳台与厨房地面地漏的污水及洗涤盆中的污水排向底层。

由图 2-3 可知,WL-01～WL-06 均连接排水干管通向室外检查井并最终通向化粪池。排水干管均采用 PVC 管,管径分别为 110mm、160mm、200mm、300mm 等,排水坡度 i 均为 2%,其中室外排水管距外墙为 2.5m。

（3）给水系统图。图 2-5 为图 2-3 及图 2-4 中 JL-01 立管的给水系统图,由图可知JL-01 立管由室外地下 −0.600 处引进,直接通向顶层,其中在底层设一闸阀,管径为DN40,水表集中设在首层,进户管均为 DN25。

（4）排水系统图。图 2-6 为图 2-4 中 FL-01 立管的排水系统图，由图中可知 FL-01 立管由各楼层用水设备的排水支管（存水弯、大便器等）接排水干管并按 3‰ 的坡度通向立管排向底层，最后从 -1.00 处排向室外。立管管径为 $d110$，干管和支管的管径分别为 $d110$、$d50$，在立管上部设有通向顶层屋顶的通气管，上接通气帽，并在排水立管上距各楼层底平面 1m 处设有检查口，排水管采用 PVC 管，管径为 110mm，排水坡度 $i=2\%$。

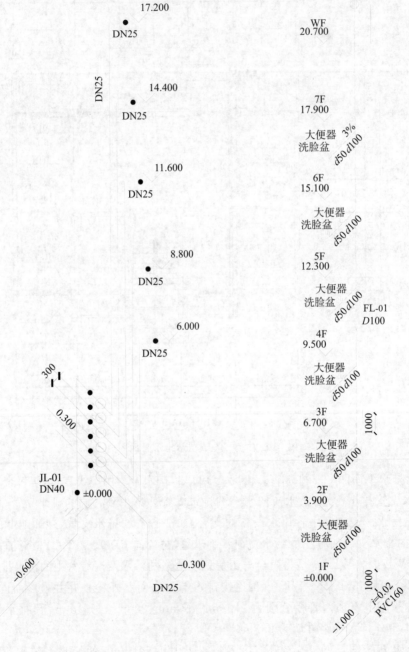

图 2-5　JL-01 立管的给水系统图　　　　图 2-6　FL-01 立管的排水系统图

任务 2.4　熟悉建筑给排水工程量计算规则

1. 各类管道工程量计算规则

1) 各类管道界线的划分

(1) 给水管道。室内外给水管道的划分以建筑物外墙皮 1.5m 为界,入口处设阀门者以阀门为界。与市政管道界线以水表井为界;无水表井者,以市政管道碰头点为界。

(2) 排水管道。室内外排水管道的划分以出户第一个排水检查井为界。室外管道与市政管道界线以与市政管道碰头点为界。

(3) 采暖管道。室内外采暖管道的划分以入口阀门或建筑物外墙皮 1.5m 为界;与工业管道的划分以锅炉房或泵站外墙皮 1.5m 为界;工厂车间内采暖管道以采暖系统与工业管道碰头点为界;设在高层建筑内的加压泵间管道与室内、外管道的界线,以泵间外墙皮为界。

(4) 燃气管道。室内外燃气管道分界,地下引入室内的管道以室内第一个阀门为界,地上引入室内的管道以墙外三通为界;室外管道与市政管道的分界,以两者的碰头点为界。

2) 管道安装包括的工作内容

(1) 场内搬运,检查清扫。

(2) 管道及接头零件安装。

(3) 水压试验或灌水试验;燃气管道的气压试验。

(4) 室内 DN32 以内钢管包括管卡及托钩制作安装。

(5) 钢管包括弯管制作与安装(伸缩器除外),无论是现场煨制还是成品弯管均不得换算。

(6) 铸铁排水管、雨水管及塑料排水管均包括管卡及托吊支架、臭气帽、雨水漏斗的制作与安装。

3) 管道安装不包括的工作内容

(1) 室内外管道沟土方及管道基础。

(2) 管道安装中不包括法兰、阀门及伸缩器的制作安装,按相应项目另行计算。

(3) 室内外给水、雨水铸铁管包括接头零件所需的人工,但接头零件的价格应另行计算。

(4) 室内 DN32 以上钢管的管道支架需另行计算。

(5) 燃气管道的室外管道所有带气碰头。

4) 各类管道工程量计算规则

(1) 各种管道均以施工图所示中心长度,以"m"为计量单位,不扣除阀门、管件(包括减压器、疏水器、水表、伸缩器等组成安装)所占的长度。

(2) 在管道安装工程量计算中,应扣除暖气片所占的长度。

(3) 钢管焊接挖眼接管工作,均在定额中综合取定,不得另行计算。

(4) 直埋式预制保温管道及管件安装适用于预制式成品保温管道及管件安装。管道按"延长米"计算,需扣除管件所占长度。

（5）直埋式预制保温管安装定额按管芯的公称直径大小设置定额步距,套用该定额时,按管芯直径套用相应的定额。

（6）直埋式预制保温管管件安装主要指弯头、补偿器、疏水器等,管件尺寸应按照管芯的公称直径,以"个"为计量单位,套用相应的定额。

（7）燃气管道中的承插煤气铸铁管（柔性机械接口）安装定额中未列出接头零件,其本身价值应按设计用量另行计算,其余不变。

（8）管道支架制作安装,室内管道公称直径32mm以下的安装工程已包括在内,不得另行计算。公称直径32mm以上的可另行计算。

（9）铸铁排水管、雨水管、塑料排水管安装,均包含管卡、托吊支架、臭气帽、雨水漏斗的制作安装,但未包括雨水漏斗本身价格,雨水漏斗及雨水管件按设计量另计主材费。

（10）管道消毒、冲洗、压力试验,均按管道长度以"m"为计量单位,不扣除阀门、管件所占的长度。

（11）本定额已综合考虑了配合土建施工的留洞留槽,修补洞槽的材料和人工,列在其他材料费内。

（12）室外管道碰头套用相关市政工程计价定额的相应子目。

2. 管道支架工程量计算规则

（1）室内管道DN32以上的支架,按支架钢材图示几何尺寸以"kg"为计量单位计算,不扣除切割开孔质量,不包括电焊条和螺栓、螺母、垫片的质量。若使用标准图集,可按图集所列支架钢材明细表计算。

（2）管道支架按材质、管架形式,按设计图示质量计算。

（3）套管制作安装定额按照设计图示及施工验收相关规范,以"个"为计量单位。

（4）在套用套管制作、安装定额时,套管的规格应按实际套管的直径选用定额（一般应比穿过的管道大两号）。

3. 管道附件工程量计算规则

（1）各种阀门安装均以"个"为计量单位。法兰阀门安装,若仅为一侧法兰连接,定额所列法兰、带帽螺栓及垫圈数量减半,其余不变。

（2）法兰阀（带短管甲乙）安装,均以"套"为计量单位,接口材料不同时可作调整。

（3）自动排气阀门均以"个"为计量单位,已包括了支架制作安装,不得另行计算。

（4）浮球阀安装均以"个"为计量单位,已包括了联杆及浮球的安装,不得另行计算。

（5）安全阀安装,按阀门安装相应定额项目乘以系数2.0计算。

（6）塑料阀门套用相关工业管道安装的计价定额。

（7）倒流防止器根据安装方式,套用相应同规格的阀门定额,人工乘以系数1.3。

（8）热量表根据安装方式套用相应同规格的水表定额,人工乘以系数1.3。

（9）减压器、疏水器组成安装以"组"为计量单位。如设计组成与定额不同,阀门和压力表数量可按设计用量进行调整,其余不变。

（10）减压器安装按高压侧的直径计算。

（11）各种伸缩器制作安装,均以"个"为计量单位。方形伸缩器的两臂按臂长的2倍合并在管道长度内计算。

（12）各种法兰连接用垫片均按石棉橡胶板计算，如用其他材料，不得调整。

（13）法兰水表安装是按《全国通用给水排水标准图集》S145编制的，以"组"为计量单位，包含旁通管及止回阀等。若单独安装法兰水表，则以"个"为计量单位，套用"低压法兰式水表安装"定额。

（14）住宅嵌墙水表箱按水表箱半周长尺寸，以"个"为计量单位。

（15）浮标液面计、水位标尺是按国标编制的，如设计与国标不符，可做调整。

（16）塑料排水管消声器，其安装费已包含在相应的管道和管件安装定额中，相应的管道按"延长米"计算。

4. 卫生器具工程量计算规则

卫生器具安装项目均参照全国通用《给水排水标准图集》中有关标准图集计算，除以下说明者外，设计无特殊要求均不作调整。

（1）成组安装的卫生器具，定额均已按标准图集计算了与给水、排水管道连接的人工和材料。

（2）浴盆安装适用于各种型号的浴盆，但浴盆支座和浴盆周边的砌砖、瓷砖粘贴应另行计算。

（3）淋浴房安装定额包含了相应的龙头安装。

（4）洗脸盆、洗手盆、洗涤盆适用于各种型号。

（5）不锈钢洗槽为单槽，若为双槽，按单槽定额的人工乘以系数1.2计算。本子目也适用于瓷洗槽。

（6）台式洗脸盆定额不含台面安装，发生时套用相应的定额。已含支撑台面所需的金属支架制作安装，若设计用量超过定额含量的，可另行增加金属支架的制作安装。

（7）化验盆安装中的鹅颈水嘴、化验单嘴、双嘴适用于成品件安装。

（8）洗脸盆肘开关安装，不分单双把，均执行同一项目。

（9）脚踏开关安装包括弯管和喷头的安装人工和材料。

（10）高（无）水箱蹲式大便器，低水箱坐式大便器安装，适用于各种型号。

（11）在小便槽冲洗管制作安装定额中，不包括阀门安装，可按相应项目另行计算。

（12）小便器带感应器定额适用于挂式、立式等各种安装形式。

（13）淋浴器铜制品安装适用于各种成品淋浴器安装。

（14）大、小便槽水箱托架安装已按标准图集计算在定额内，不得另行计算。

（15）冷热水带喷头淋浴龙头适用于仅单独安装淋浴龙头。

（16）感应龙头不分规格，均套用感应龙头安装定额。

（17）容积式水加热器安装，定额内已按标准图集计算了其中的附件，但不包括安全阀安装、本体保温、刷油和基础砌筑。

（18）蒸汽-水加热器安装项目中，包括了莲蓬头安装，但不包括支架制作安装、阀门和疏水器安装，可按相应项目另行计算。

（19）冷热水混合器安装项目中包括了温度计安装，但不包括支架制作安装，可按相应项目另行计算。

（20）卫生器具给排水工程量计算分界点的划分如下。

① 浴盆安装:适用于搪瓷浴盆、玻璃钢浴盆、塑料浴盆三种类型的各种型号的浴盆安装,分冷水、冷热水、冷热水带喷头等几种形式,以"组"为单位计算。

浴盆安装范围分界点:给水(冷、热)管算至水平管与支管交接处;排水管垂直方向计算到地面,如图 2-7 所示。

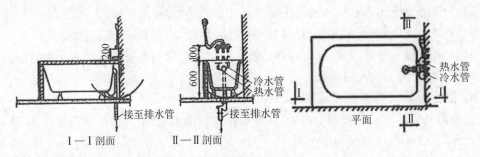

图 2-7 浴盆安装范围

浴盆定额未计价材料包括浴盆、冷热水嘴或冷热水嘴带喷头、排水配件。

浴盆的支架及四周侧面砌砖、粘贴的瓷砖,应按土建定额计算。

② 洗脸盆、洗手盆安装:定额分钢管组成式洗脸盆、铜管冷热水洗脸盆及立式冷热水、肘式开关、脚踏开关等洗脸盆安装。

安装范围分界点:给水管算至水平管与支管交接处;排水管垂直方向计算地面,如图 2-8 所示。

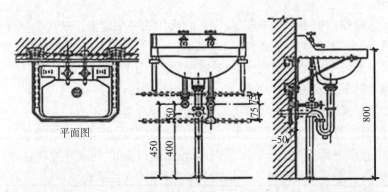

图 2-8 洗脸(手)盆安装范围

综合单价中已包括存水弯、角阀、截止阀、洗脸盆下水口、托架钢管等材料价格,若设计材料品种不同,可以换算。

定额未计价材料包括洗脸盆(或洗手盆)、水嘴、角阀、金属软管。

③ 洗涤盆、化验盆安装:洗涤盆定额分单嘴、双嘴、肘式开关、脚踏开关、回转龙头、回转混合龙头等项目。化验盆定额分单联、双联、三联、脚踏开关、鹅颈水嘴五个项目。洗涤盆、化验盆均以"组"为单位计算。

安装范围分界点同洗脸盆安装。

定额未计价材料:洗涤盆(或化验盆)、水嘴或回转龙头、水嘴或脚踏式开关、排水栓。

④ 淋浴器组成、安装:淋浴器组成安装分钢管组成(分冷水、冷热水)及铜管制品(冷

水、冷热水)安装子目。铜管制品定额适用于各种成品淋浴器的安装,分别以"组"为单位套用定额。

淋浴器安装范围的划分点为支管与水平管交接处,如图2-9所示。

淋浴器组成安装定额中已包括截止阀、接头零件、给水管的安装,不得重复列项计算。定额未计价材料为莲蓬喷头和成品淋浴器。

⑤ 大便器安装:定额分蹲式和坐式大便器安装,其中蹲式大便器安装分瓷高水箱、瓷低水箱及不同冲洗方式;坐式大便器分低水箱坐便、带水箱坐便、连体水箱坐便、自闭冲洗阀坐便四种形式。

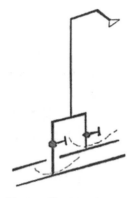

图2-9 淋浴器安装范围

工程量计算:根据大便器形式、冲洗方式、接管种类的不同,分别以"套"为单位计算。蹲式大便器的安装范围如图2-10所示,坐式低水箱大便器的安装范围如图2-11所示。

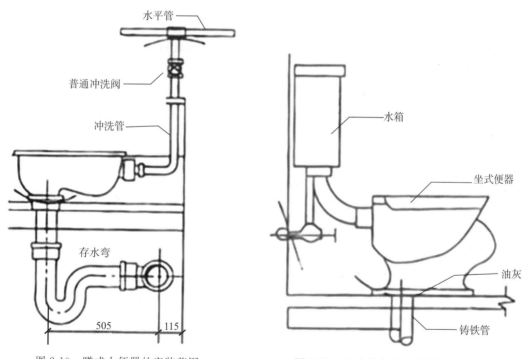

图2-10 蹲式大便器的安装范围　　　　　图2-11 坐式低水箱大便器的安装范围

定额未计价材料:瓷蹲式大便器、坐式大便器、高水箱(低水箱)、水箱配件、角阀、金属软管、自闭式冲洗阀。

⑥ 按摩浴盆安装,淋浴房组成、安装,均已包含了水嘴安装工作内容。冷热水带喷头淋浴龙头仅适用于单独安装的淋浴龙头,如公共浴室等。

⑦ 编制不锈钢洗槽定额时,按单槽进行测算并编制。若为双槽,按单槽定额的人工乘以系数1.2套用。本子目也适用于瓷洗槽等其他材质的洗槽。

⑧ 台式洗脸盆安装不含台面安装,包含了支撑台面所需的金属支架制作安装。若设

计用量超过定额含量,可另行增加金属支架的制作安装。

⑨ 感应龙头安装不分规格,套用同一定额。感应龙头安装已包含了电气检查接线、电气测试等工作内容。

⑩ 带感应器的大便器、小便器安装,已包含了电气检查接线、电气测试等工作内容。带感应器的小便器安装,适用于各种安装形式的小便器。

5. 卫生器具工程量计算规则

(1) 卫生器具组成安装以"组"为计量单位,已按标准图综合了卫生器具与给水管、排水管连接的人工与材料用量,不得另行计算。

(2) 浴盆安装不包括支座和四周侧面的砌砖及瓷砖粘贴。

(3) 按摩浴盆安装以"组"为计量单位,包含了相应的水嘴安装。

(4) 淋浴房组成、安装以"套"为计量单位,包含了相应的水嘴安装。

(5) 蹲式大便器安装;已包括了固定大便器的垫砖,但不包括大便器蹲台砌筑。

(6) 大便槽、小便槽自动冲洗水箱安装以"套"为计量单位,已包括了水箱托架的制作安装,不得另行计算。

(7) 台式洗脸盆安装,不包括台面安装,台面安装需另计。

(8) 小便槽冲洗管制与安装以"m"为计量单位,不包括阀门安装,其工程量可按相应定额另行计算。

(9) 脚踏开关安装,已包括了弯管与喷头的安装,不得另行计算。

(10) 冷热水混合器安装以"套"为计量单位,不包括支架制作安装及阀门安装,其工程量可按相应定额另行计算。

(11) 蒸汽-水加热器安装以"台"为计量单位,包括莲蓬头安装,不包括支架制作安装及阀门、疏水器安装,其工程量可按相应定额另行计算。

(12) 容积式水加热器安装以"台"为计量单位,不包括安全阀安装、保温与基础砌筑,可按相应定额另行计算。

(13) 烘手器安装套用《江苏省安装工程计价定额》(2014 年版)第四册《电气设备安装工程》中的相应定额。

学习笔记

思考与练习题

1. 填空题

(1) 室内排水管道与室外第一个排水检查井之间的连接管道称为_____。

(2) 室内给水系统分为_____、_____、_____。

(3) 管道支架制作安装,室内管道公称直径_____ mm 以下的安装工程已包括在内,不得另行计算。

(4) 给水管室内外界线以建筑物外墙_____ m 为界,入口处设阀门者以_____为界。与市政管道界线以水表井为界;无水表井者,以市政管道碰头点为界。

(5) 洗脸盆、洗手盆安装的排水管垂直方向计算至_____。

2. 判断题

(1) 铸铁排水管、雨水管、塑料排水管安装,均包含管卡、托吊支架、臭气帽、雨水漏斗的制作安装。　　　　　　　　　　　　　　　　　　　　　　　　　（　　）

(2) 塑料排水管消声器,其安装费已包含在相应的管道和管件安装定额中,相应的管道按"延长米"计算。　　　　　　　　　　　　　　　　　　　　　　（　　）

(3) 淋浴房安装定额不包含相应的冷热水龙头安装。　　　　　　　　　（　　）

(4) 浴盆给水管安装分界点为给水(冷、热)水平管与支管交接处。　　　（　　）

(5) 管道消毒、冲洗、压力试验,均按管道长度以"m"为计量单位,并扣除阀门、管件所占的长度。　　　　　　　　　　　　　　　　　　　　　　　　　（　　）

3. 简答题

(1) 请概括给排水管道工程量计算规则。

_____

_____

_____

(2) 在计算连接至浴缸、洗脸盆、坐便器、洗涤盆给水管和排水管工程量时,应如何考虑给水和排水管的分界点?

_____

_____

_____

(3) 给排水施工图一般由哪几部分组成?

_____

_____

_____

综 合 实 训

综合实训 1

请根据某给排水工程图纸及其他条件,按照《建设工程工程量清单计价规范》(GB 50500—2013)及《通用安装工程工程量计算规范》(GB 50856—2013),计算图纸范围内给排水工程的工程量。

1. 图纸及设计说明

(1) 图中标高以"m"计,其余都以"mm"计。

(2) 给水管采用 PPR 管,热熔连接,排水管采用 UPVC 塑料排水管,粘接连接。

(3) 所有阀门采用铜质闸阀。

(4) 室内给排水管道安装完毕且在隐蔽前,给水管需消毒冲洗并做水压试验,试验压力为 1MPa;排水管需做通球、灌水试验。

(5) 主要设备见表 2-4,给水系统图如图 2-12 所示,排水系统图如图 2-13 所示,给水平面图如图 2-14 所示,排水平面图如图 2-15 所示。

表 2-4 主要设备

序号	名 称	规格	单位
1	单冷水台式洗脸盆		组
2	洗涤盆		组
3	低水箱冲洗蹲便器		组
4	延时自闭式阀,挂式小便器(自闭冲洗)		组
5	阀门	按图	只
6	清扫口	De110	个
7	清扫口	De75	个
8	地漏	De50	个

(6) 答题要求:仅计算室内管道部分,室内排水管道算至出外墙 2m,水平尺寸在图纸中已标注;计算不包括套管、管道挖填土、管道支架、管道开墙槽;卫生器具排水管立管算至地面±0.00 止。

2. 实训任务

根据设计说明、图纸及给排水工程工程量计算规范,计算该给排水工程的工程量。

(1) 完成工程量计算书,填入表 2-5 中。

(2) 完成工程量汇总,填入表 2-6 中。

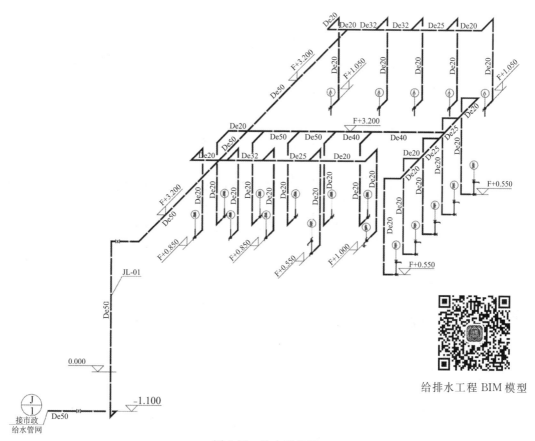

给排水工程 BIM 模型

图 2-12　给水系统图

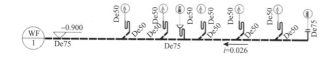

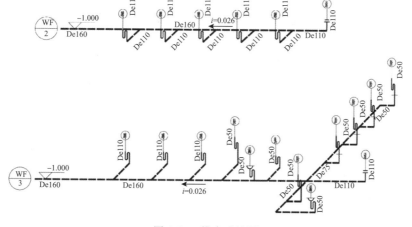

图 2-13　排水系统图

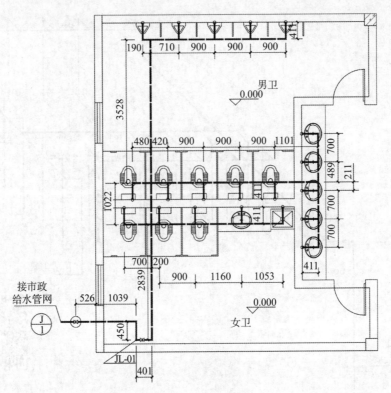

图 2-14 给水平面图

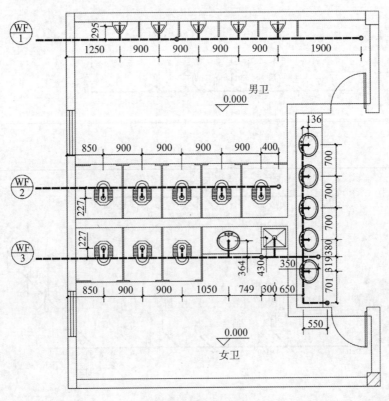

图 2-15 排水平面图

表 2-5 工程量计算书

给水 J/1

De50

De40

De32

De25

De20

计算给排水工
程量答案解析

排水 WF/1

De75

De50

排水 WF/2

De160

De110

排水 WF/3

De160

De110

De75

De50

表 2-6　给排水工程量汇总

序号	项目(子目)名称	单位	数量
1	PPR 管 De50	m	
2	PPR 管 De40	m	
3	PPR 管 De32	m	
4	PPR 管 De25	m	
5	PPR 管 De20	m	
6	UPVC 管 De160	m	
7	UPVC 管 De110	m	
8	UPVC 管 De75	m	
9	UPVC 管 De50	m	
10	洗脸盆	套	
11	洗涤盆	套	
12	蹲便器	套	
13	小便器	套	
14	清扫口 De75	个	
15	清扫口 De110	个	
16	地漏 De50	个	
17	钢制铜闸阀 De50	个	

综合实训 2

请根据某给排水工程图纸及其他条件,按照《建设工程工程量清单计价规范》(GB 50500—2013)及《通用安装工程工程量计算规范》(GB 50856—2013),计算图纸范围内的工程量。

1. 设计说明及答题要求

(1) 图中标高和管长以"m"计,其余都以"mm"计。

(2) 给水管采用 PPR 管,热熔连接;排水管采用 UPVC 塑料排水管,胶水粘接。

(3) 给水管穿楼板应设钢套管(排水管不考虑),套管公称直径比给水管公称直径大两号,套管长度每处按 250mm 计。

(4) 室内给排水管道安装完毕且在隐蔽前,给水管需消毒冲洗并做水压试验,试验压力为 1MPa;排水管需做灌水试验。

(5) 其他给排水设备见表 2-7。

(6) 给水系统图如图 2-16 所示,排水系统图如图 2-17 所示,一层给排水平面图如图 2-18 所示,二至五层给排水平面图如图 2-19 所示。

(7) 答题要求:仅计算室内管道部分,尺寸在图纸中按比例量取;楼板厚度按 100mm 考虑;计算内容不包括管道挖填土、管道支架、管道开墙槽及给水管穿墙套管。

表 2-7　其他给排水设备

序号	名　称	规　格	单位
1	自闭式冲洗阀蹲式大便器		套
2	挂式小便器		套
3	洗涤盆		套
4	低水箱坐便器		套
5	给水阀门	按图	只
6	塑料地漏	DN50	个
7	塑料清扫口	DN100	个

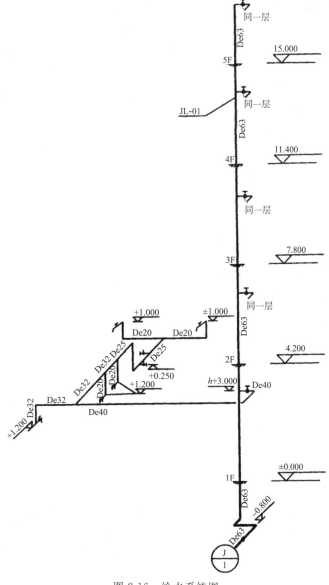

图 2-16　给水系统图

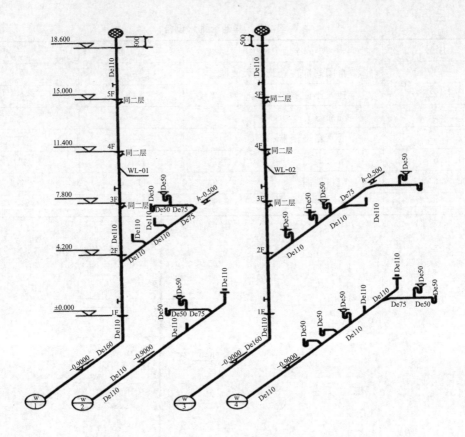

图 2-17　排水系统图

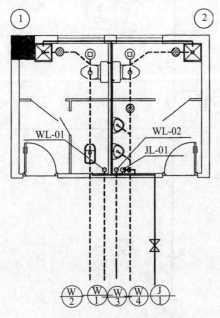

图 2-18　一层给排水平面图

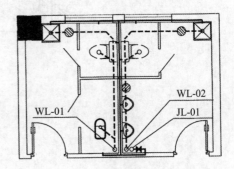

图 2-19　二至五层给排水平面图

2. 实训任务

根据设计说明、图纸及给排水工程工程量计算规范,计算该给排水工程的工程量,完成工程量计算书,填入表 2-8 中。

表 2-8 工程量计算书

序号	项目名称	单位	工程量计算式	合计

项目 3 计算通风空调工程工程量

项目概述

本项目通过对通风空调工程的组成及分类、常用器具及材料，识读通风空调工程施工图及通风空调工程工程量计算规则等内容的讲解，使学生能够初步具备计算通风空调工程工程量的技能。

教学目标

知识目标	能力目标	素质目标
1. 了解通风空调工程的组成及分类 2. 认识通风空调工程常用器具及材料 3. 具备通风空调施工图识读的基本知识 4. 熟悉通风空调工程工程量计算规范及计算方法	1. 具备识读通风空调工程图纸的能力 2. 具备运用通风空调工程工程量计算规范的能力 3. 具备计算所给图纸通风空调工程工程量的能力 4. 具备自主学习及解决问题的能力	1. 遵循国家专业规范、标准，能在工程实践中严格贯彻执行 2. 培养认真严谨的职业素质 3. 培养敬业、精益、专注、创新的建筑安装工匠精神

任务 3.1 了解通风空调工程的组成及分类

通风空调工程就是使室内空气环境符合一定空气温度、相对湿度、空气流动速度和清洁度，并在允许范围内波动的复杂装置和设备的安装工程。

通风空调工程按不同的使用场合和生产工艺要求，大致分为通风系统、空气调节系统和空气洁净系统。

1. 通风系统的分类

1）按作用范围分类

通风系统按其作用范围分为全面通风、局部通风和混合通风等形式。

（1）全面通风：在整个房间内进行全面空气交换，称为全面通风。当有害气体在很大范围内产生并扩散到整个房间时，就需要全面通风，排出有害气体并送入大量新鲜空气，将有害气体浓度冲淡到容许浓度之内。

（2）局部通风：将污浊空气或有害气体直接从产生的地方抽出，防止扩散到全室；或者将新鲜空气送到某个局部范围，改善局部范围的空气状况，称为局部通风。当车间的某些设备产生大量危害人体健康的有害气体时，采用全面通风不能冲淡到容许浓度，或者采用全面通风很不经济时，常采用局部通风。

（3）混合通风：采用全面排风和局部送风混合起来的通风形式。

2）按动力分类

通风系统按动力可分为自然通风和机械通风。

（1）自然通风：指利用室外冷空气与室内热空气密度的不同，以及建筑物通风面和背风面风压的不同而进行换气的通风方式。

（2）机械通风：指利用通风机产生的抽力和压力，借助通风管网进行室内外空气交换的通风方式。机械通风可以向房间或生产车间的任何地方供给适当数量新鲜的、用适当方式处理过的空气，也可以从房间或生产车间的任何地方按照要求的速度抽出一定数量的污浊空气，机械通风系统示意如图 3-1 所示。

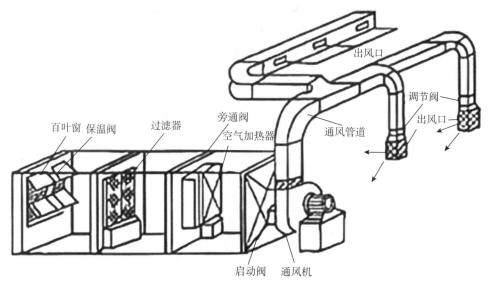

图 3-1　机械通风系统示意图

3）按工艺要求分类

通风系统按其工艺要求分为送风系统、排风系统和除尘系统。

（1）送风系统：用来向室内输送新鲜的或经过处理的空气。

（2）排风系统：将室内产生的污浊、高温干燥空气排到室外大气中。其主要工作流程为污浊空气由室内的排气罩吸入风管后，经通风机排到室外的风帽而进入大气。如果预排放的污浊空气中有害物质的排放标准超过国家制定的排放标准，则必须经中和及吸收处理，使排放浓度低于排放标准后再排到大气中。

（3）除尘系统：通常用于生产车间，其主要作用是将车间内含大量工业粉尘和微粒的空气进行收集处理，有效降低工业粉尘和微粒的含量，以达到排放标准。其工作流程主要是通过车间内的吸尘罩将含尘空气吸入,经风管进入除尘器除尘,随后通过风机送至室外风帽而排入大气。

2. 空气调节系统的组成和分类

空气调节系统是为保证室内空气的温度、湿度、风速及洁净度保持在一定范围内,并且不因室外气候条件和室内各种条件的变化而受影响的系统。一套较完善的空调系统主要由冷、热源,空气处理设备,空气输送与分配设备及自动控制设备四大部分组成。

冷源是指制冷装置,它可以是直接蒸发式制冷机组或冰水机组。

热源提供热量用来加热空气(有时还包括加湿),常用的有蒸汽或热水等热媒或电热器等。

空气处理设备的主要功能是对空气进行净化、冷却、减湿,或者加热、加湿处理。

空气输送与分配设备主要有通风机、送回风管道、风阀、风口及空气分布器等。它们的作用是将送风合理地分配到各个空调房间,并将污浊空气排到室外。

自动控制设备的功能是使空调系统能适应室内外热湿负荷的变化,保证空调房间有一定的空调精度,其设备主要有温湿度调节器、电磁阀、各种流量调节阀等。近年来微型电子计算机也开始运用于大型空调系统的自动控制。

1) 空气调节系统按空气处理设备的设置情况分类

空气调节系统按空气处理设备的设置情况分类分为集中式空调系统、分散式空调系统和半集中式空调系统三种。

(1) 集中式空调系统:将处理空气的空调器集中安装在专用的机房内,空气加热、冷却、加湿和除湿用的冷源和热源由专用的冷冻站和锅炉房供给,即所有的空气处理设备全部集中在空调机房内。根据送风的特点,集中式空调系统又分为单风道系统、双风道系统及变风量系统三种。单风道系统常用的有直流式系统(图 3-2)、一次回风式系统(图 3-3)、二次回风式系统(图 3-4)及末端再热式系统(图 3-5)。集中式系统多适用于大型空调系统。

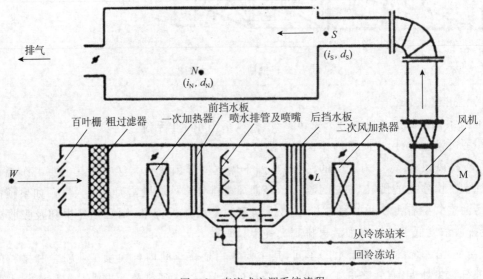

图 3-2　直流式空调系统流程

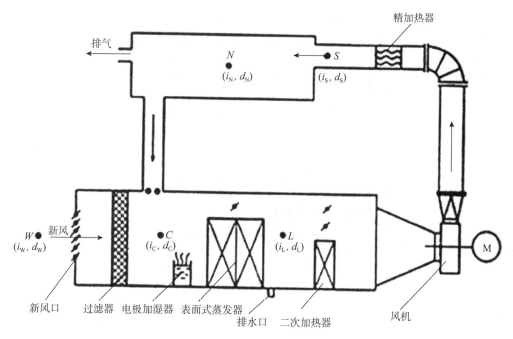

图 3-3 一次回风式空调系统流程

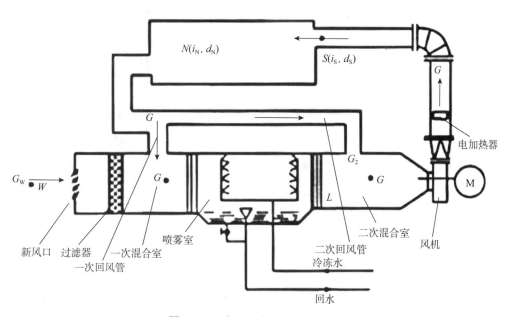

图 3-4 二次回风式空调系统流程

（2）分散式空调系统：也称局部式空调系统，它是将整体组装的空调器（热泵机组、带冷冻机的空调机组、不设集中新风系统的风机盘管机组等）直接放在空调房间内或者放在空调房间附近，每台机组只供 1 个或几个小房间，或者 1 个房间放几台机组，如图 3-6 所示。分散式空调系统多用于空调房间布局分散和小面积的空调工程。

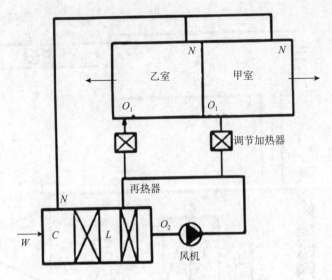

图 3-5 末端再热式空调系统流程

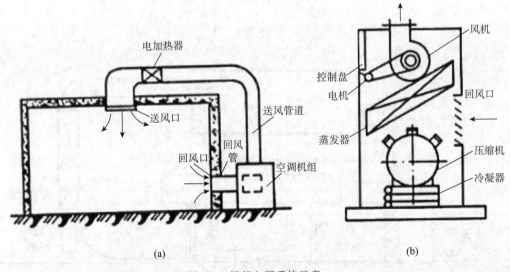

(a)   (b)

图 3-6 局部空调系统示意

　　(3) 半集中式空调系统:也称混合式系统。它集中处理部分或全部风量,然后送至各房间(或各区)再进行处理。半集中式空调系统包括集中处理新风,经诱导器(全空气或另加冷热盘管)送入室内或各室有风机盘管的系统(即风机盘管与下风道并用的系统),也包括分区机组系统等。诱导式空调系统(图 3-7)多用于建筑空间不大且装饰要求较高的旧建筑物、地下建筑、舰船、客机等场所。风机盘管空调系统(图 3-8)多用于新建的高层建筑和需要增设空调的小面积、多房间的旧建筑等。

　　2) 空气调节系统按处理空调负荷的输送介质分类

　　空气调节系统按处理空调负荷的输送介质分为全空气系统、空气-水系统、全水系统和直接蒸发机组系统。

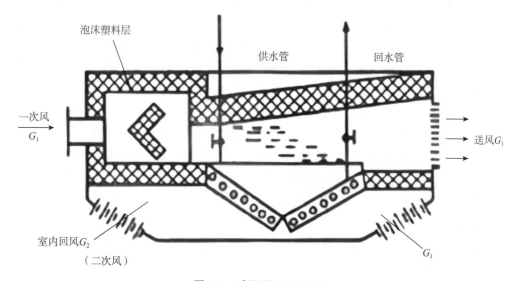

图 3-7　诱导器空调系统图

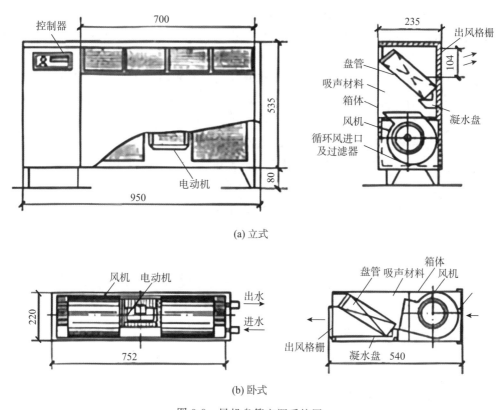

(a) 立式

(b) 卧式

图 3-8　风机盘管空调系统图

（1）全空气系统：房间的全部冷热负荷均由集中处理后的空气负担。属于全空气系统的有定风量或变风量的单风道或双风道集中式系统、全空气诱导系统等。

（2）空气-水系统：空调房间的负荷由集中处理的空气负担一部分，其他负荷由水作为介质被送入空调房间时，对空气进行再处理（加热、冷却等）。属于空气-水系统的有再热系统（另设有室温调节加热器的系统）、带盘管的诱导系统、风机盘管机组和风道并用的系统等。

（3）全水系统：房间负荷全部由集中供应的冷、热水负担，如风机盘管系统、辐射板系统等。

（4）直接蒸发机组系统：室内冷、热负荷由制冷和空调机组组合在一起的小型设备负担。直接蒸发机组按冷凝器冷却方式的不同可分为风冷式、水冷式等，按安装组合情况可分为窗式（安装在窗或者墙洞内）、立柜式（制冷和空调设备组装在同一立柜式箱体内）和组合式（制冷和空调设备分别组装、联合使用）等。

3）空气调节系统按管道风速分类

空气调节系统按管道风速分为低速系统和高速系统两种。

（1）低速系统：一般指主风道风速低于15m/s的系统。对于民用和公共建筑，主风道风速不超过10m/s。

（2）高速系统：一般指主风道风速高于15m/s的系统。对于民用和公共建筑，主风道风速大于12m/s的也称为高速系统。

3. 空气洁净系统的分类

空气洁净技术是发展现代工业不可缺少的辅助性综合技术。空气洁净系统根据洁净房间含尘浓度和生产工艺要求，按洁净室的气流流型可分为非单向流洁净室、单向流洁净室两类，又可按洁净室的构造分为整体式洁净室、配装式洁净室及局部净化式洁净室三类。

非单向流洁净室的气流流型不规则，工作区气流不均匀，并有涡流，适用于1000级（每升空气中粒径大于等于0.5μm的尘粒数平均值不超过35粒）以下的空气洁净系统。

单向流洁净室根据气流流动方向又可分为垂直向下和水平平行两种，适用于100级（每升空气中粒径大于等于0.5μm的尘粒数平均值不超过3.5粒）以下的空气洁净系统。

任务 3.2　认识通风空调系统常用材料及设备

1. 通风空调管道的材料与形式

1）常用材料

常用材料主要有金属薄板和非金属材料两大类。

（1）金属薄板：制作风管及其部件的主要材料，通常使用的有普通薄钢板、镀锌薄钢板、不锈钢钢板、铝板和塑料复合钢板。优点是易于工业化加工制作、安装方便、能承受较高温度。

（2）非金属材料：有硬聚氯乙烯塑料板、玻璃钢、酚醛铝箔复合风管、聚氨酯铝箔复合风管、聚酯纤维织物风管、玻镁风管等。

2) 风管形状和规格

(1) 风管断面形状的选择：通风管道的断面形状有圆形和矩形两种。在同样的断面面积下，圆形风管周长最短，最为经济。由于矩形风管四角存在局部涡流，所以在同样风量下，矩形风管的压力损失要比圆形风管大。因此，在一般情况下（特别是除尘风管）都采用圆形风管，只是有时为了便于和建筑配合才采用矩形风管。

对于断面面积相同的矩形风管，风管表面积随 a/b 的增大而增大，在相同流量条件下，压力损失也随 a/b 的增大而增大。因此，设计时应尽量使 a/b 等于 1 或接近于 1。其中，a 为矩形风管截面的长边，b 为矩形风管截面的短边。

(2) 通风管道统一规格：通风空调管道应先用通风管道统一规格，优先采用圆形风管或选用长短边之比不大于 4 的矩形截面，最大长短边之比不应超过 10。风管的截面尺寸按《通风与空调工程施工质量验收规范》(GB 50243—2016)的规定执行。

金属风管管径以外径或外边长为准，非金属风道管径以内径或内边长为准。

3) 常用保温材料

在通风工程中，为了保持空气的一定温度，减少热量或冷量的损失，通风管道通过非空调房间的部分，需要对风管或风机进行保温。在有些排送高温空气的通风系统中，为了防止操作人员不小心被烫伤，需要降低工作地点的温度，以改善劳动条件，对风管也要采取保温措施。

通风管道及设备所用的保温材料应具有较低的导热系数、质量轻、难燃、耐热性能稳定、吸湿性小，并易于成型等特点。常用的保温材料有玻璃棉、泡沫塑料、岩棉、木丝板、橡塑发泡管材及板材等。

2. 通风空调系统的设备及部件

1) 空气净化设备

通风空调系统中对空气的净化，是通过空气过滤器来实现的。根据对空气净化要求的不同，通风空调系统可以分为一般清洁度、净化、超净化三类。常用的过滤设备有以下几种。

粗效过滤器：常用的有 M-Ⅲ 型泡沫塑料过滤器和自动清洗油过滤器。

中效过滤器：有 M 型、YB 型泡沫塑料过滤器和 YB 型玻璃纤维过滤器。常用的过滤效率高的有 YB-02 型玻璃纤维过滤器。

高效过滤器：有 GB 型、GS 型、CX 型和 JX 型等，其过滤材料都是用纤维纸做成的。此外还有 JKG-2A 型静电空气过滤器。

2) 空气加热器

在通风空调系统中，常用的空气加热器一般是采用蒸汽和热水作为媒介。这类加热器有以下五类：套片(穿片)式加热器、褶皱式绕片加热器、光滑绕片式加热器、轧片式加热器、镶片式加热器。此外，专用作补偿空调房间内热量波动(干扰量)的第三次加热采用电加热器。电加热器在空调工程上的应用有裸露电阻丝(裸露式电加热器)和电热元件(管式电加热器)两类。无论裸露式或管式电加热器，一般都做成抽屉形。

3) 空气冷却器

对于空气的冷却干燥处理，除用喷水室进行喷水处理外，还常用空气表面冷却器来实现。空气冷却器有用低温水或盐水作冷媒的,称为水冷式表面冷却器;有用制冷剂作冷媒的,称为直接蒸发式表面冷却器。表面冷却器的结构原理、制作材料等与空气加热器基本相同,也可用普通加热器作表面冷却器使用。表面冷却器还可用来干燥湿空气,冷却时析出冷凝水,起到一定的降温作用。

空气冷却器还可以利用低温水在淋水室喷成水雾,当热空气通过时和低温水接触,进行热湿交换,由接触冷却和蒸发冷却使空气温度降低。

4)空气加湿与除湿设备

在空气加湿与除湿设备中,最常用的设备是淋水室。

淋水室是一种多功能的空气调节设备。当空气进入淋水室与排列成行的喷嘴喷出的水相接触时,空气和水发生了湿热交换。可根据需要送入不同温度的水,对空气进行加热、冷却、加湿、除湿等多种处理。

在处理过程中,淋水室不但进行了湿热交换,并且对空气中的尘粉进行了水的喷淋,从而尘粉被清除。淋水室因制作方便、功能较广,一般在大型空调系统中应用较广。

5)噪声消除设备

通风系统的噪声主要由通风机运转而产生。要消除噪声可选择低噪声的通风机或采用消声器。消声器的种类很多,常用的有管式、片式、弧形声流式等。

6)排风除尘设备

排风除尘的目的在于净化含有大量灰尘的空气、改善环境卫生条件、回收有用的废料。常用的除尘设备有旋风除尘器、袋式除尘器、旋筒式水膜除尘器等。此外还有惰性除尘器、泡沫除尘器、龙卷风除尘器、扩散式旋风除尘器等多种形式。

7)通风机

在机械通风系统中,迫使空气流动的机械称为通风机。通风机根据制造原理可分为离心式通风机和轴流式通风机。

离心式通风机由旋转的叶轮、机壳导流器和排风口组成,叶轮上装有一定数量的叶片,用于一般的送排风系统,或安装在除尘器后的除尘系统,适宜输送温度低于80℃、含尘浓度小于150mg/m^3的无腐蚀性、无黏性的气体。

轴流式通风机由圆筒形机壳、叶轮、吸风口、扩压器等组成。叶轮由轮毂和铆在其上的叶片组成,叶片从根部到顶部呈扭曲状态或与轮毂呈轴向倾斜状态,安装角度一般不能调节,但大型轴流式通风机叶片安装角可调节,从而改变风机的流量和风压。轴流式通风机适用于一般厂房的低压通风系统。

8)室内送、排风口

室内送、排风口是通风系统的重要组成部件。它们的作用是按照一定的流速,将一定数量的空气送到用气地点,或从排气点排出。通风(空调)工程中使用最广泛的是铝合金风口,表面经氧化处理,具有良好的防腐、防水性能。

目前常用的风口有格栅风口、地板回风口、条缝型风口、百叶风口(包括固定百叶风口和活动百叶风口)和散流器。

按具体功能,风口可分为新风口、排风口、回风口、送风口等。新风口将室外清洁空气吸入管网内;排风口将室内或管网内空气排到室外;回风口将室内空气吸入管网内;送风口将管网内空气送入室内。控制污染气流的局部排风罩也可视为一类风口,它将污染气流和室内空气吸入排风系统管道,通过排风口排到室外。新风口、回风口比较简单,常用格栅、百叶等形式。送风口形式比较多,工程中根据室内气流组织的要求选用不同的形式,常用的有格栅、百叶、条缝、孔板、散流器、喷口等。排风口为了防止室外风对排风效果的影响,往往要加装避风风帽。

避风风帽安装在排风系统出口,它是利用风力造成的负压,加强排风能力的一种装置。

9)风阀

风阀是空气输配管网的控制、调节机构,基本功能是截断或开通空气流通的管路,调节或分配管路流量。

(1)同时具有控制、调节两种功能的风阀有蝶式调节阀、菱形单叶调节阀、插板阀、平行式多叶调节阀、对开式多叶调节阀、菱形多叶调节阀、复式多叶调节阀、三通调节阀等。

蝶式调节阀、菱形单叶调节阀和插板阀主要用于小断面风管,平行式多叶调节阀、对开式多叶调节阀、菱形多叶调节阀主要用于大断面风管,复式多叶调节阀、三通调节阀用于管网分流或合流或旁通处的各支路风量调节。

蝶式、平行、对开式多叶调节阀靠改变叶片角度调节风量,平行式多叶调节阀的叶片转动方向相同,对开式多叶调节阀的相邻两叶片转动方向相反。插板阀靠插板插入管道的深度调节风量。菱形调节阀靠改变叶片张角调节风量。

(2)只具有控制功能的风阀有止回阀、防火阀、排烟阀等。止回阀控制气流的流动方向,阻止气流逆向流动;防火阀平常全开,火灾时关闭并切断气流,防止火灾通过风管蔓延,在温度达到70℃时关闭;排烟阀平常关闭,排烟时全开,排出室内烟气,在温度达到80℃时开启。

10)进、排气装置

进气装置的作用是从室外采集洁净空气,供给室内送风系统使用;排气装置的作用是将排气系统集中的污浊空气排放至室外。

任务 3.3　识读通风空调工程施工图

1. 通风空调工程施工图的组成

通风空调工程图一般由基本图和详图两部分组成。基本图包括平面图、剖面图和系统图。详图主要有通风设备安装图、部件制作大样图。另外,还有通风空调设备和材料明细表及施工说明。

(1)平面图:表明设备、管道的平面布置,包括风机、风管、风口、阀门等设备与部件的位置和建筑物墙面、柱子的距离及各部分尺寸,同时还应用符号注明进出口的空气流动方向。

(2)剖面图:表明管路、设备在垂直方向的布置及主要尺寸,应与平面图对照查看。

(3)系统图:表明风管在空间的交叉迂回情况及其通风管件的相对位置和方向,各段风管的管径、风机风口、阀门的型号等。

2. 通风空调工程施工图常用图例

通风空调工程施工图常用图例见表 3-1。

表 3-1 通风空调工程施工图常用图例

名　称	图　形	名　称	图　形
带导流叶片弯头		消声弯头	
伞形风帽		送风口	
回风口		圆形散流器	
方形散流器		插板阀	
蝶阀		对开式多叶调节阀	
光圈式启动调节阀		风管止回阀	
防火阀		三通调节阀	

3. 通风空调工程施工图的识读

图 3-9 为某车间二层空调工程平面图。综合识读后可知,整个空调装置包括管道系统均分布在二层,空调及送风系统用代号 K-1 表示,二个排风系统分别用代号 P-1、P-2 表示。由平面图可知:空气调节器安装在 11 轴、12 轴间的专用房间内,风管布置在 8、9、10、11 轴间的相应房间内,两个排风系统布置在 10、11 轴间的房间内,图中标明了具体安装位置及尺寸。

图 3-10 所示为送风系统 K-1 系统轴测图,由车间二层空调工程平面图及其剖面图,并对照系统轴测图可看出,室外空气自新风口吸入,经新风口上方送入叠式金属空调器内处理,然后从调节器顶部送出,送风干管设于顶棚上面,送风干管水平转弯两次,并向车间前方和后方各出两根支管,各支管端部都向下接一段截面为 400mm×400mm 的竖向管,竖向管下口装有方形直片式散流器,并由此向车间送出处理过的空气。送风干管经过各分支管后,截面逐渐减小,如干管的截面尺寸由空调器出来时为 1000mm×320mm,转弯后为 800mm×400mm,经分支后逐渐变小,最小为 500mm×320mm。

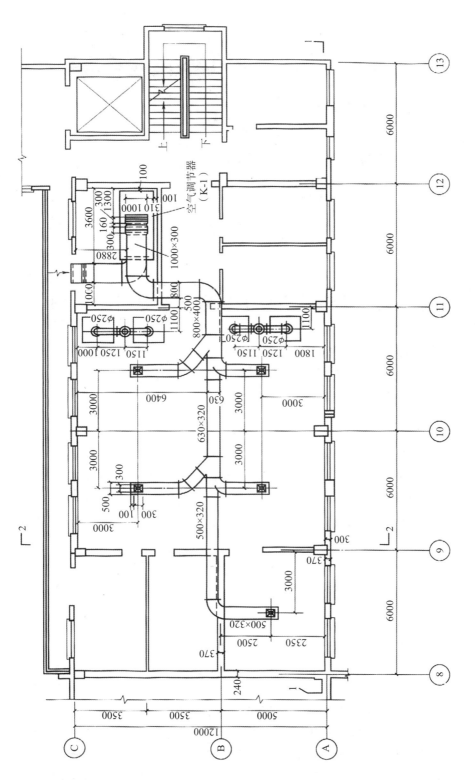

图3-9 某车间二层空调工程平面图

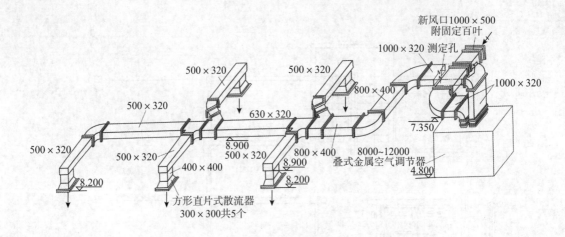

图 3-10　送风系统 K-1 系统轴测图(详图)

任务 3.4　熟悉通风空调工程工程量计算规则

1. 通风及空调设备及部件制作安装计算规则

(1) 风机安装按设计不同型号以"台"为计量单位。

(2) 通风机安装子目内包括电动机安装,其安装形式包括 A、B、C 或 D 型,也适用于不锈钢和塑料风机安装。

(3) 风机减振台座制作安装执行设备支架计价定额,计价定额内不包括减振器,应按设计规定另行计算。

(4) 整体式空调机组安装,空调按不同质量和安装方式以"台"为计量单位;分段组装式空调器按质量以"kg"为计量单位。

(5) 风机盘管安装按安装方式不同以"台"为计量单位,诱导器安装套用风机盘管安装子目。

(6) 空气加热器、除尘设备安装按质量不同以"台"为计量单位。

(7) 高、中、低效过滤器、净化工作台安装以"台"为计量单位,风淋室安装按不同质量以"台"为计量单位。

(8) 挡水板制作安装按空调器断面面积计算。

(9) 钢板密闭门制作安装以"个"为计量单位。

(10) 洁净室安装按质量计算,执行《江苏省安装工程计价定额》"分段组装式空调安装"计价定额。

(11) 罩类制作安装子目中不包括各种排气罩,可套用罩类中近似的子目。

(12) 清洗槽、浸油槽、晾干架、滤尘器支架的制作安装套用设备支架子目。

(13) 设备支架制作安装按图示尺寸以"kg"为计量单位,执行《江苏省安装工程计价定额》(2014 年版)第三册《静置设备与工艺金属结构制作安装工程》相应项目和工程量计算规则。

2.通风管道制作安装计算规则

（1）风管制作安装以施工图规格不同按展开面积计算,不扣除检查孔、测定孔、吸风口等所占面积。

圆形风管的面积计算公式为

$$S = \pi D L$$

式中:S——圆形风管展开面积(m^2);

D——圆形风管直径(m);

L——管道中心线长度(m)。

矩形风管按风管截面周长乘以管道中心线长度计算。

（2）风管长度一律以施工图示中心线长度为准(主管与支管以其中心线交点划分),包括弯头、三通、变径管、天圆地方等管件的长度,但不得包括部件所占长度。直径和周长按图示尺寸为准展开,如图 3-11 所示。咬口重叠部分已包括在计价表内,不得另行增加。

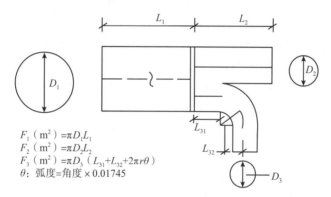

F_1（m^2）$= \pi D_1 L_1$
F_2（m^2）$= \pi D_2 L_2$
F_3（m^2）$= \pi D_3$（$L_{31} + L_{32} + 2\pi r\theta$）
θ:弧度=角度×0.01745

图 3-11 风管直径和周长展开

（3）净化通风管及部件制作安装中,圆形风管套用本项目矩形风管有关子目。

（4）整个通风系统设计采用渐缩管均匀送风者(图 3-12),圆形风管按平均直径、矩形风管按平均周长计算,套用相应规格子目,其人工乘以系数 2.5。

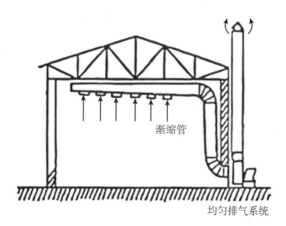

图 3-12 渐缩管均匀送风

(5) 薄钢板通过管道、净化通风管道、玻璃钢通风管道、复合型材料通风管道的制作安装中已包括法兰、加固框和吊托支架,不得另行计算。但不包括跨风管落地支架的安装,落地支架套用设备支架安装子目。

(6) 塑料通风管道制作安装子目中,包括管件、法兰、加固框的安装,但不包括吊托支架的安装,吊托支架的安装另套有关子目。

(7) 不锈钢板通风管道、铝板通风管道制作安装包括管件的安装,但不包括法兰和吊托支架的安装,法兰和吊托支架的安装单独列项计算,套用相应子目。

(8) 风管吊托支架子目是按膨胀螺栓连接考虑的,安装方法不同不得换算。

(9) 软管接头使用人造革或其他材料而不使用帆布者,可以换算。

(10) 柔性软风管安装,按图示管道中心线长度以"m"为计量单位,柔性软风管阀门安装以"个"为计量单位。

(11) 软管(帆布接口)制作安装,按图示尺寸以"m"为计量单位。

(12) 不锈钢风管及部件以电焊考虑的子目,如需使用手工氩弧焊者,其人工乘以系数1.238,材料乘以系数1.163,机械乘以系数1.673。

(13) 铝板风管及部件,以气焊考虑的子目,如使用手工氩焊者,人工乘以系数1.154,材料乘以系数0.852,机械乘以系数9.242。

(14) 塑料风管、复合型材料风管制作安装计价定额所列规格直径为内径,周长为内周长。

(15) 风管及部件子目中,型钢未包括镀锌费,若设计要求镀锌,另加镀锌费。

(16) 各类通风管道子目中的板材,若设计要求厚度不同,可以换算,但人工、机械不变。薄钢板通风管道制作和安装中的板材,计价定额是按镀锌薄钢板编制的,若设计要求不是镀锌薄钢板者,板材可以换算,其他不变。

(17) 各类通风管道、部件、管件、风帽、罩类子目中的法兰垫,如设计要求使用材料品种不同者,可以换算,但人工不变。使用泡沫塑料者每1kg橡胶板可以换算为泡沫塑料0.125kg,使用密乳胶海绵者每kg橡胶板换算为闭孔乳胶海绵0.5kg。

(18) 普通咬口风管通风系统有凝结水产生,若设计要求对其咬口缝增加锡焊或涂密封胶时,可按相应的净化风管子目中的密封材料增加50%,清洗材料增加20%。按人工每10m² 增加1个工日计算。

(19) 净化通风管道涂密封胶是按全部口缝外表面涂抹考虑的,若设计要求口缝不涂抹而只在法兰处涂抹者,每10m² 风管应减去密封胶1.5kg,人工减0.37工日。

(20) 若设计要求净化风管咬口处用焊锡,可按每10m² 风管使用1.1kg焊锡,0.11kg盐酸考虑,减除计价定额中密封胶使用量,其他不变。

(21) 若制作空气幕送风管,按矩形风管平均周长套用相应风管规格子目,其人工乘以系数3,其他不变。

(22) 玻璃挡水板套用钢板挡水板相应子目,其材料、机械均乘以系数0.45,人工不变。保温钢板密闭门套用钢板密闭门子目,其材料乘以系数0.5,机械乘以系数0.45,人工不变。

（23）风管检查孔质量，按《江苏省安装工程计价定额》附录二"国标通风部件标准重量^①表"计算。

（24）风管测定孔制作安装，按其型号以"个"为计量单位。

3. 通风管道部件制作安装计算规则

（1）标准部件的制作，按其成品质量以"kg"为计量单位，根据设计型号、规格按"国标通风部件标准重量表"计算质量，非标准部件按图示成品质量计算。部件的安装按图示规格尺寸（周长或直径）以"个"为计量单位，分别执行相应计价定额。

（2）钢百叶窗及活动金属百叶风口的制作以"m²"为计量单位，安装按规格尺寸以"个"为计量单位。

（3）风帽筝绳制作安装按图示规格、长度以"kg"为计量单位。

（4）风帽泛水制作安装按图示展开面积以"m²"为计量单位。

学习笔记

---

① 此处"重量"的规范术语应为"质量"。

思考与练习题

1. 填空题

(1) 通风空调工程图一般由_____和_____两部分组成。

(2) 通风空调工程按不同的使用场合和生产工艺要求,大致分为_____、空气调节系统和空气洁净系统。

(3) 风管制作以施工图规格不同按_____面积计算。

(4) 薄钢板通过管道、净化通风管道、玻璃钢通风管道、复合型材料通风管道的制作安装中已包括_____、_____和_____,不得另行计算。

(5) 矩形风管的面积按_____乘以管道中心线长度计算。

2. 简答题

(1) 请概括圆形风管和矩形风管的工程量计算规则。

_____

_____

_____

(2) 请简单概括空气调节系统的组成和分类。

_____

_____

_____

3. 计算题

某通风工程矩形风管规格为1200mm×600mm,风管直管段长度为50m,该长度不包括以下管件和部件的长度:调节阀2个(每个长0.3m),弯通1个(长度为1.2m),静压箱1只(长度为1m)。请计算矩形风管的工程量(展开面积)。

_____

_____

_____

综合实训

综合实训 1

请根据给定的某通风工程局部工程量及其他条件,按照《建设工程工程量清单计价规范》(GB 50500—2013)及《通用安装工程工程量计算规范》(GB 50856—2013),计算图纸范围内的工程量。

1. 图纸及设计说明

(1) 所有风管管道、设备、部件中心标高均为 4.0m,风管采用镀锌钢板,咬口连接,具体走向及标高如图 3-13 所示,BIM 模型如图 3-14 和图 3-15 所示。

通风空调工程
BIM 模型

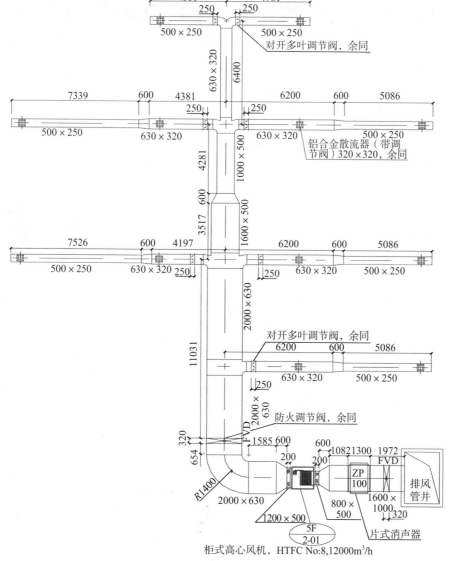

图 3-13 通风工程平面图

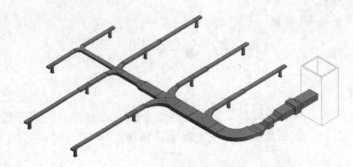

图 3-14 BIM 模型图一

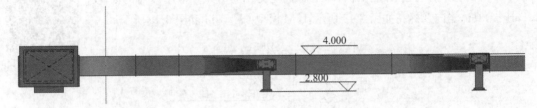

图 3-15 BIM 模型图二

（2）风机采用柜式离心风机，型号为 HTFC No：8，12000m³/h，吊顶安装。风机吊装支架采用 10 号槽钢和圆钢吊筋组合，吊架总质量为 60kg。风机进、出风口断面为 800mm×500mm 和 1200mm×500mm，与风管之间采用帆布接口。

（3）防火调节阀要求采用单独支架，每个防火调节阀吊装支架为 15kg。

（4）片式消声器的尺寸为（1600×1000×1300）L，吊装支架为 40kg。

（5）铝合金散流器（带调节阀）320mm×320mm 的安装高度为 2.8m，风口与水平风管之间的连接管为 320mm×320mm 镀锌铁皮风管。

（6）型钢支架要求除锈后，刷红丹防锈漆两道、调和漆两道。风管末端封头板不计。

（7）镀锌钢板风管板材厚度见表 3-2。

计算通风空调
工程量答案解析

表 3-2 镀锌钢板风管板材厚度

风管最长边尺寸 b 或直径 D/mm	$b(D) \leqslant 320$	$320 < b(D) \leqslant 630$	$630 < b(D) \leqslant 1000$	$1000 < b(D) \leqslant 2000$
普通风管板材厚度/mm	0.5	0.6	0.75	1.0

2. 实训任务

根据设计说明、图纸及通风空调工程工程量计算规范，完成图纸范围内的工程量计算，并填入工程量计算书（表 3-3）中。

表 3-3 工程量计算书

序号	项目名称	规格型号	计算式	计量单位	工程量
1	镀锌风管	2000×630		m²	
2	镀锌风管	1600×1000		m²	

续表

序号	项 目 名 称	规 格 型 号	计 算 式	计量单位	工程量
3	镀锌风管	1600×500		m²	
4	镀锌风管	1200×500		m²	
5	镀锌风管	1000×500		m²	
6	镀锌风管	800×500		m²	
7	镀锌风管	630×320		m²	
8	镀锌风管	500×250		m²	
9	镀锌风管	320×320		m²	
10	帆布软接			m²	
11	对开多叶调节阀	630×320		个	
12	对开多叶调节阀	500×250		个	
13	防火调节阀	2000×630		个	
14	防火调节阀	1600×1000		个	
15	散流器	320×320		个	
16	离心风机	HTFC No:8		台	
17	片式消声器	1600×1000×1300		个	
18	风机支架			kg	
19	消声器支架			kg	
20	防火调节阀支架			kg	
21	通风系统调试			系统	

综合实训 2

请根据给定的通风工程施工图,按照《建设工程工程量清单计价规范》(GB 50500—2013)及《通用安装工程工程量计算规范》(GB 50856—2013)的规定,计算图纸范围内分部分项工程量。

1. 图纸及设计说明

(1) 所有风管管道底部标高和设备、部件底部标高均为 4.0m,通风工程平面图如图 3-16 所示,风管采用镀锌钢板,咬口连接。

(2) 风机 PF-1 采用轴流式风机,型号为 SWF-1-No16,22kW,吊顶安装。吊装支架采用 10 号槽钢和圆钢吊筋组合,吊架总质量为 80kg。风机进出风口断面均为 φ700mm,与风管之间采用帆布接口。

(3) 对开多叶调节阀要求采用单独支架,每个风阀吊装支架为 10kg。

(4) 静压箱的尺寸为(1000×320×1200)L,现场制作,镀锌钢板厚度为 1.2mm,吊装支架为 40kg。

(5) 型钢支架要求除锈后,刷红丹防锈漆两道、调和漆两道。

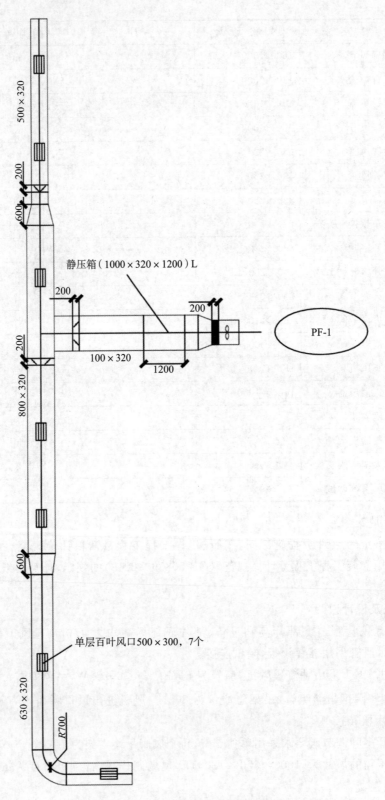

静压箱（1000×320×1200）L

200

200

PF-1

100×320

1200

500×320

200

600

800×320

600

630×320

R700

单层百叶风口500×300，7个

图 3-16　通风工程平面图

（6）单层百叶风口500mm×300mm的安装高度为3m，风口与水平风管之间的连接管为镀锌铁皮风管，规格为500mm×300mm。

（7）图中标注尺寸未注明单位者均为"mm"，图纸比例1∶100。

（8）镀锌钢板风管板材厚度见表3-4。

表3-4　镀锌钢板风管板材厚度

风管最长边尺寸 b 或直径 D/mm	$b(D)\leqslant320$	$320<b(D)\leqslant630$	$630<b(D)\leqslant1000$	$1000<b(D)\leqslant2000$
普通风管板材厚度/mm	0.5	0.6	0.75	1.0

2. 实训任务

根据设计说明、图纸及通风空调工程量计算规范，完成图纸范围内的工程量计算，并填入工程量计算书（表3-5）中。

表3-5　工程量计算书

序号	项 目 名 称	计 算 式	计量单位	工程量
1	镀锌风管 1000×320		m²	
2	镀锌风管 800×320		m²	
3	镀锌风管 630×320		m²	
4	镀锌风管 500×320		m²	
5	镀锌风管 500×300		m²	
6	镀锌风管 D700		m²	
7	柔性接口（风机软接）D700		m²	
8	轴流式风机 SWF-1-No16，22kW		台	
9	风机支架制作安装		kg	
10	静压箱 1000×320×1200		m²	
11	静压箱支架		kg	
12	对开多叶调节阀 1000×320		个	
13	对开多叶调节阀 800×320		个	
14	对开多叶调节阀 500×320		个	
15	对开多叶调节阀 500×300		个	
16	对开多叶调节阀支架		kg	
17	通风调试		系统	
18	支架除锈刷油（刷红丹防锈漆两道、调和漆两道）		kg	

项目 4　编制安装工程工程量清单

项目概述

本项目通过对工程量清单的定义及组成、工程量清单的设置等内容的讲解,使学生能够具备计算编制建筑电气工程、给排水工程、通风空调工程工程量清单的专业技能。

教学目标

知 识 目 标	能 力 目 标	素 质 目 标
1. 理解工程量清单的定义、性质及作用 2. 理解工程量清单的组成 3. 熟悉建筑电气工程、建筑给排水工程、通风空调工程工程量清单的设置 4. 熟悉编制安装工程量清单的方法	1. 具备编制建筑电气工程工程量清单的能力 2. 具备编制建筑给排水工程工程量清单的能力 3. 具备编制通风空调工程工程量清单的能力 4. 具备自主学习及解决问题的能力	1. 遵循国家专业规范、标准,能在工程实践中严格贯彻执行 2. 培养认真严谨的职业素质 3. 培养团结协作、爱岗敬业的精神,具有良好的团队意识 4. 培养敬业、精益、专注、创新的建筑安装工匠精神

任务 4.1　认识工程量清单

1. 工程量清单的定义、性质和作用

《建设工程工程量清单计价规范》(GB 50500—2013)对工程量清单的定义为"工程量清单——载明建设工程分部分项工程项目、措施项目、其他项目的名称和相应数量以及规费、税金项目等内容的明细清单"。

其中"分部分项工程"是"分部工程"和"分项工程"的总称。"分部工程"是单项或单位工程的组成部分,是按结构部位、路段长度及施工特点或施工任务将单项或单位工程划分为若干分部的工程。例如,通用安装工程分为机械设备安装工程、热力设备安装工程、静置设备与工艺金属结构制作安装工程、电气设备安装工程、建筑智能化工程、自动化控制仪表安装工程、通风空调工程、工业管道工程、消防工程、给水排水工程、采暖工程、燃气工程、通信设备及线路工程、刷油工程、防腐蚀工程、绝热工程等分部工程。"分项工程"是分部工程的组成部分,是按不同施工方法、材料、工序及路段长度等将分部工程划分为若干个分项或项目的工程。例如,工业管道分为低压管道、中压管道、高压管道等分项工程。

"措施项目"是相对于工程实体的分部分项工程项目而言,对实际施工中必须发生的施工准备和施工过程中技术、生活、安全、环境保护等方面的非工程实体项目的总称。例如,安全文明施工、脚手架、焦炉烘炉、热态工程等。

"招标工程量清单"是招标人依据国家标准、招标文件、设计文件及施工现场实际情况编制的,随招标文件发布供投标报价的工程量清单。招标工程量清单必须作为招标文件的组成部分,其准确性和完整性由招标人负责。

"已标价工程量清单"是指构成合同组成部分的投标文件中已标明价格,经算术性错误修正且承包人已确认的工程量清单,包括其说明和表格。

"招标工程量清单"与"已标价工程量清单"是工程量清单计价的基础,应作为编制招标控制价、投标报价、计算工程量、工程索赔等的依据之一。

2. 工程量清单的组成

工程量清单应由封面、填表须知、总说明、分部分项工程量清单、措施项目清单、其他项目清单、规费项目清单、税金项目清单组成。

1) 分部分项工程量清单

分部分项工程量清单应载明项目编码、项目名称、项目特征、计量单位和工程量,这五个要件在分部分项工程量清单的组成中缺一不可。

(1) 分部分项工程量清单应根据各专业工程量计算规定的项目编码、项目名称、项目特征、计量单位和工程量计算规则进行编制。

(2) 分部分项工程量清单的项目编码,应采用 12 位阿拉伯数字表示,一～九位应按附录的规定设置,十～十二位应根据拟建工程的工程量清单项目名称设置,同一招标工程的项目编码不得有重码。

各位数字的含义:一、二位为相关工程国家计量规范代码(01—房屋建筑与装饰工程;02—仿古建筑工程;03—通用安装工程;04—市政工程;05—园林绿化工程;06—矿山工程;07—构筑物工程;08—城市轨道交通工程;09—爆破工程,以后进入国家标准的专业工程代码以此类推);三、四位为专业工程顺序码;五、六位为分部工程顺序码;七～九位为分项工程项目名称顺序码;十～十二位为清单项目名称顺序码。

当同一标段(或合同段)的一份工程量清单中含有多个单位工程且工程量清单是以单位工程为编制对象时,应特别注意对项目编码十～十二位的设置不得有重码的规定。

(3) 分部分项工程量清单的项目名称应按工程计量规范附录的项目名称结合拟建工程的实际情况确定。

(4) 分部分项工程量清单的项目特征应按工程计量规范附录中规定的项目特征,结合拟建工程项目的实际情况予以准确和全面地描述,因为项目特征不仅是区分清单项目的依据,更是确定综合单价与履行合同义务的前提。但有些项目特征用文字往往又难以准确和全面地描述清楚,因此,为达到规范、简洁、准确、全面描述项目特征的要求,在描述工程量清单项目特征时应按以下原则进行。

① 项目特征描述的内容应按工程计量规范附录中的规定,结合拟建工程的实际情况,

满足确定综合单价的需要。

② 若采用标准图集或施工图样能够全部或部分满足项目特征描述的要求,项目特征描述可直接采用详见××图集或××图号的方式。对不能满足项目特征描述要求的部分,仍应用文字描述。

(5) 分部分项工程量清单中所列工程量应按工程计量规范附录中规定的工程量计算规则计算。

(6) 分部分项工程量清单的计量单位应按工程计量规范附录中规定的计量单位确定。

(7) 工程计量规范附录中有两个或两个以上计量单位的,应结合拟建工程项目的实际情况,选择其中一个确定,在同一个建设项目(或标段、合同段)中,有多个单位工程的相同项目计量单位必须保持一致。

(8) 工程计量时每一项目汇总的有效位数应遵守下列规定。

① 以"t"为单位,应保留小数点后三位数字,第四位小数四舍五入。

② 以"m、m^2、m^3、kg"为单位,应保留小数点后两位数字,第三位小数四舍五入。

③ 以"台、个、件、套、根、组、系统"为单位,应取整数。

2) 措施项目清单

措施项目清单应根据拟建工程的实际情况列项。

(1) 措施项目中列出了项目编码、项目名称、项目特征、计量单位、工程量计算规则的项目,编制工程量清单时,应按照分部分项工程的规定执行。

(2) 措施项目仅列出项目编码、项目名称,未列出项目特征、计量单位和工程量计算规则的项目,编制工程量清单时,应按工程计量规范附录中措施项目规定的项目编码、项目名称确定。

(3) 措施项目应根据拟建工程的实际情况列项,若出现工程计量规范未列的项目,可根据工程实际情况补充,编码规则同分部分项工程。

3) 其他项目清单

其他项目清单应按照下列内容列项。

(1) 暂列金额:应根据工程特点,按有关计价规定估算。

(2) 暂估价:包括材料暂估价、工程设备暂估价、专业工程暂估价。

暂估价中的材料、工程设备暂估价应根据工程造价信息或参照市场价格估算,专业工程暂估价应分不同专业,按有关计价规定估算,列出明细表。

(3) 计日工:应列出项目名称、计量单位和暂估数量。

(4) 总承包服务费:应列出服务项目及其内容等。

出现以上未列的项目,应根据工程实际情况进行补充。

4) 规费项目清单

规费项目清单应按照下列内容列项。

(1) 社会保障费:包括养老保险费、失业保险费、医疗保险费、工伤保险费、生育保险费。

(2) 住房公积金。

(3) 工程排污费。

出现以上未列的项目,应根据省级政府或省级有关部门的规定列项。

5) 税金项目清单

税金项目清单应包括下列内容。

(1) 营业税。

(2) 城市维护建设税。

(3) 教育费附加。

(4) 地方教育附加。

出现以上未列的项目,应根据税务部门的规定列项。

任务 4.2　编制电气工程工程量清单

1."电气设备安装工程"与其他工程的界限划分

《通用安装工程工程量计算规范》(GB 50856—2013)(以下简称"本规范")附录 D"电气设备安装工程"适用于工业与民用建设工程中 10kV 以下变配电设备及线路安装工程工程量清单编制与计量。附录 D 与其他相关工程的界限划分如下。

1) 与本规范其他安装工程附录的界限划分

(1) 切削设备、锻压设备、铸造设备、起重设备、输送设备等的安装在附录 A 中编码列项,其中的电气柜(箱)、开关控制设备、盘柜配线、照明装置和电气调试在附录 D 中编码列项。

(2) 电机安装在本规范附录 A 中编码列项,电机检查接线、干燥、调试在附录 D 中编码列项。

(3) 各种电梯的机械部分及电梯电气安装在附录 A 中编码列项,电源线路及控制开关、基础型钢及支架制作、接地极及接地母线敷设、电气调试仍在附录 D 中编码列项。

(4) 附录 F"自动化控制仪表安装工程"中的控制电缆、电气配管配线、桥架安装、接地系统安装应按附录 D 相关项目编码列项。

(5) 过梁、墙、楼板的钢(塑料)套管,应按附录 K"采暖、给排水、燃气工程"相关项目编码列项。

(6) 除锈、刷漆(补刷漆除外)、保护层安装,应按本附录 M"刷油、防腐蚀、绝热"工程相关项目编码列项。

(7) 由国家或地方检测验收部门进行的检测验收应按附录 N"措施项目"编码列项。

2) 与其他相关工程附录的界限划分

(1) 挖土、填土工程,应按现行国家标准《房屋建筑与装饰工程工程量计算规范》(GB 50854—2013)相关项目编码列项。

(2) 开挖路面,应按现行国家标准《市政工程工程量计算规范》(GB 50857—2013)相关项目编码列项。

2. 清单项目设置

1) 变压器安装工程

变压器安装工程清单项目设置适用于油浸式电力变压器、干式变压器、整流变压器、自耦式变压器、带负荷调压变压器、电炉变压器、消弧线圈安装的工程量清单项目的编制和计量。变压器安装工程量清单项目设置见表4-1。

表4-1　变压器安装(编码:030401)

项目编码	项目名称	项目特征	计量单位	工程量计算规则	工 程 内 容
030401001	油浸电力变压器	1. 名称 2. 型号 3. 容量(kV·A) 4. 电压(kV) 5. 油过滤要求			1. 本体安装 2. 基础型钢制作、安装 3. 油过滤 4. 干燥 5. 接地 6. 网门、保护门制作、安装 7. 补刷(喷)油漆
030401002	干式变压器	6. 干燥要求 7. 基础型钢形式、规格 8. 网门、保护门材质、规格 9. 温控箱型号、规格			1. 本体安装 2. 基础型钢制作、安装 3. 温控箱安装 4. 接地 5. 网门、保护门制作、安装 6. 补刷(喷)油漆
030401003	整流变压器	1. 名称 2. 型号	台	按设计图示数量计算	1. 本体安装 2. 基础型钢制作、安装 3. 油过滤 4. 干燥 5. 网门、保护门制作、安装 6. 补刷(喷)油漆
030401004	自耦变压器	3. 容量(kV·A) 4. 油过滤要求 5. 干燥要求			
030401005	有载调压变压器	6. 基础型钢形式、规格 7. 网门、保护门材质、规格			
030401006	电炉变压器	1. 名称 2. 型号 3. 容量(kV·A) 4. 电压(kV) 5. 基础型钢形式、规格 6. 网门、保护门材质、规格			1. 本体安装 2. 基础型钢制作、安装 3. 网门、保护门制作、安装 4. 补刷(喷)油漆
030401007	消弧线圈	1. 名称 2. 型号 3. 容量(kV·A) 4. 电压(kV) 5. 油过滤要求 6. 干燥要求 7. 基础型钢形式、规格			1. 本体安装 2. 基础型钢制作、安装 3. 油过滤 4. 干燥 5. 补刷(喷)油漆

举例:某工程设计需要安装4台变压器,分别如下。

(1) 油浸电力变压器 S9-1000kV·A/10kV,2台,并且需要作干燥处理,其绝缘油需要过滤,变压器的绝缘油重 750kg/台,基础型钢为 10 号槽钢(10m/台)。

（2）空气自冷干式变压器 SG10-400kV·A/10kV，1 台，基础型钢为 10 号槽钢（10m）。

（3）有载调压电力变压器 SZ9-800kV·A/10kV，1 台，基础型钢为 10 号槽钢（15m）。

工程量清单编制见表 4-2。

表 4-2 变压器分部分项工程量清单

序号	项目编码	项目名称	项 目 特 征	计量单位	工程数量
1	030401001001	油浸电力变压器	1. 名称：油浸电力变压器 2. 型号：S9 3. 容量（kV·A）：1000 4. 电压（kV）：10 5. 油过滤要求：绝缘油需过滤（750kg/台） 6. 干燥要求：变压器需要作干燥处理 7. 基础型钢形式、规格：10 号槽钢 10m/台	台	2
2	030401002001	干式变压器	1. 名称：空气自冷干式变压器 2. 型号：SG 3. 容量（kV·A）：400 4. 电压（kV）：10 5. 基础型钢形式、规格：10 号槽钢 10m		1
3	030401005001	有载调压电力变压器	1. 名称：有载调压电力变压器 2. 型号：SZ9 3. 容量（kV·A）：800 4. 电压（kV）：10 5. 基础型钢形式、规格：10 号槽钢 15m/台		

2）配电装置安装工程

配电装置安装工程清单项目设置适用于各种断路器、真空接触器、隔离开关、负荷开关、互感器、熔断器、避雷器、电抗器、电容器、交流滤波装置、高压成套配电柜、组合型成套箱式变电站及环网柜等安装工程工程量清单项目设置与计量。配电装置安装工程量清单项目设置见表 4-3。

表 4-3 配电装置安装（编码：030402）

项目编码	项目名称	项 目 特 征	计量单位	工程量计算规则	工 程 内 容
030402001	油断路器	1. 名称 2. 型号 3. 容量（A） 4. 电压等级（kV） 5. 安装条件 6. 操作机构名称及型号 7. 基础型钢规格 8. 接线材质、规格 9. 安装部位 10. 油过滤要求	台	按设计图示数量计算	1. 本体安装、调试 2. 基础型钢制作、安装 3. 油过滤 4. 补刷（喷）油漆 5. 接地
030402002	真空断路器				1. 本体安装、调试 2. 基础型钢制作、安装 3. 补刷（喷）油漆 4. 接地
030402003	SF₆ 断路器				

续表

项目编码	项目名称	项 目 特 征	计量单位	工程量计算规则	工 程 内 容
030402004	空气断路器	1. 名称 2. 型号 3. 容量(A) 4. 电压等级(kV) 5. 安装条件 6. 操作机构名称及型号 7. 接线材质、规格 8. 安装部位	台	按设计图示数量计算	1. 本体安装、调试 2. 基础型钢制作、安装 3. 补刷(喷)油漆 4. 接地
030402005	真空接触器	1. 名称 2. 型号 3. 容量(A) 4. 电压等级(kV) 5. 安装条件 6. 操作机构名称及型号 7. 接线材质、规格 8. 安装部位	台	按设计图示数量计算	1. 本体安装、调试 2. 补刷(喷)油漆 3. 接地
030402006	隔离开关	1. 名称 2. 型号 3. 容量(A) 4. 电压等级(kV) 5. 安装条件 6. 操作机构名称及型号 7. 接线材质、规格 8. 安装部位	组	按设计图示数量计算	1. 本体安装、调试 2. 补刷(喷)油漆 3. 接地
030402007	负荷开关	1. 名称 2. 型号 3. 容量(A) 4. 电压等级(kV) 5. 安装条件 6. 操作机构名称及型号 7. 接线材质、规格 8. 安装部位	组	按设计图示数量计算	1. 本体安装、调试 2. 补刷(喷)油漆 3. 接地
030402008	互感器	1. 名称 2. 型号 3. 规格 4. 类型 5. 油过滤要求	台	按设计图示数量计算	1. 本体安装、调试 2. 干燥 3. 油过滤 4. 接地
030402009	高压熔断器	1. 名称 2. 型号 3. 规格 4. 安装部位	组	按设计图示数量计算	1. 本体安装、调试 2. 接地
030402010	避雷器	1. 名称 2. 型号 3. 规格 4. 电压等级 5. 安装部位	组	按设计图示数量计算	1. 本体安装 2. 接地
030402011	干式电抗器	1. 名称 2. 型号 3. 规格 4. 质量 5. 安装部位 6. 干燥要求	组	按设计图示数量计算	1. 本体安装 2. 干燥
030402012	油浸电抗器	1. 名称 2. 型号 3. 规格 4. 容量(kV·A) 5. 油过滤要求 6. 干燥要求	台	按设计图示数量计算	1. 本体安装 2. 油过滤 3. 干燥

项目编码	项目名称	项目特征	计量单位	工程量计算规则	工程内容
030402013	移相及串联电容器	1. 名称 2. 型号 3. 规格 4. 质量 5. 安装部位	个	按设计图示数量计算	1. 本体安装 2. 接地
030402014	集合式并联电容器				
030402015	并联补偿电容器组架	1. 名称 2. 型号 3. 规格 4. 结构形式	台		
030402016	交流滤波装置组架	1. 名称 2. 型号 3. 规格			
030402017	高压成套配电柜	1. 名称 2. 型号 3. 规格 4. 母线配置方式 5. 种类 6. 基础型钢形式、规格			1. 本体安装 2. 基础型钢制作、安装 3. 补刷(喷)油漆 4. 接地
030402018	组合型成套箱式变电站	1. 名称 2. 型号 3. 容量(kV·A) 4. 电压(kV) 5. 组合形式 6. 基础规格、浇注材质			1. 本体安装 2. 基础浇筑 3. 进箱母线安装 4. 补刷(喷)油漆 5. 接地

3)母线安装工程

母线安装工程清单项目设置适用于软母线、带形母线、槽形母线、共箱母线、低压封闭插接母线、重型母线安装工程工程量清单项目设置与计量。母线安装工程量清单项目设置见表4-4。

表 4-4 母线安装 (编码:030403)

项目编码	项目名称	项目特征	计量单位	工程量计算规则	工程内容
030403001	软母线	1. 名称 2. 材质 3. 型号 4. 规格 5. 绝缘子类型、规格	m	按设计图示尺寸以单线长度计算(含预留长度)	1. 母线安装 2. 绝缘子耐压试验 3. 跳线安装 4. 绝缘子安装
030403002	组合软母线				

项目编码	项目名称	项目特征	计量单位	工程量计算规则	工程内容
030403003	带形母线	1. 名称 2. 型号 3. 规格 4. 材质 5. 绝缘子类型、规格 6. 穿墙套管材质、规格 7. 穿通板材质、规格 8. 母线桥材质、规格 9. 引下线材质、规格 10. 伸缩节、过渡板材质、规格 11. 分相漆品种		按设计图示尺寸以单线长度计算(含预留长度)	1. 母线安装 2. 穿通板制作、安装 3. 支持绝缘子、穿墙套管的耐压试验、安装 4. 引下线安装 5. 伸缩节安装 6. 过渡板安装 7. 刷分相漆
030403004	槽形母线	1. 名称 2. 型号 3. 规格 4. 材质 5. 连接设备名称、规格 6. 分相漆品种	m		1. 母线制作、安装 2. 与发电机变压器连接 3. 与断路器、隔离开关连接 4. 刷分相漆
030403005	共相母线	1. 名称 2. 型号 3. 规格 4. 材质		按设计图示尺寸以中心线长度计算	1. 母线安装 2. 补刷(喷)油漆
030403006	低压封闭式插接母线槽	1. 名称 2. 型号 3. 规格 4. 容量(A) 5. 线制 6. 安装部位			
030403007	始端箱、分线箱	1. 名称 2. 型号 3. 规格 4. 容量(A)	台	按设计图示数量计算	1. 本体安装 2. 补刷(喷)油漆
030403008	重型母线	1. 名称 2. 型号 3. 规格 4. 容量(A) 5. 材质 6. 绝缘子类型、规格 7. 伸缩器及导板规格	t	按设计图示尺寸以质量计算	1. 母线制作、安装 2. 伸缩器及导板制作、安装 3. 支承绝缘子安装 4. 补刷(喷)油漆

计算规则:重型母线按设计图示尺寸以质量计算;共箱母线、低压封闭式插接母线槽按设计图示尺寸以中心线长度计算;其他母线均按设计图尺寸以单线长度计算(含预留长度)。

4) 控制设备及低压电器安装工程

控制设备及低压电器工程清单项目设置适用于控制设备和低压电器的工程量清单项目的编制和计量,其中控制设备包括各种控制屏、继电信号屏、模拟屏、低压开关柜(屏)、弱电控制返回屏、整流柜、配电箱、插座箱、控制箱、箱式配电室等;低压电器包括各种控制开关、控制器、接触器、启动器、照明开关、插座、小电器等。控制设备及低压电器安装工程量清单项目设置见表 4-5。

表 4-5　控制设备及低压电器安装(编码:030404)

项目编码	项目名称	项目特征	计量单位	工程量计算规则	工程内容
030404001	控制屏	1. 名称 2. 型号 3. 规格 4. 种类 5. 基础型钢形式、规格 6. 接线端子材质、规格 7. 端子板外部接线材质、规格 8. 小母线材质、规格 9. 屏边规格	台	按设计图示数量计算	1. 本体安装 2. 基础型钢制作、安装 3. 端子板安装 4. 焊、压接线端子 5. 盘柜配线、端子接线 6. 小母线安装 7. 屏边安装 8. 补刷(喷)油漆 9. 接地
030404002	继电信号屏				
030404003	模拟屏				
030404004	低压开关柜(屏)				1. 本体安装 2. 基础槽钢制作、安装 3. 端子板安装 4. 焊、压接线端子 5. 盘柜配线、端子接线 6. 屏边安装 7. 补刷(喷)油漆 8. 接地
030404005	弱电控制返回屏				1. 基础槽钢制作、安装 2. 屏安装 3. 端子板安装 4. 焊、压接线端子 5. 盘柜配线 6. 小母线安装 7. 屏边安装 8. 补刷(喷)油漆 9. 接地
030404006	箱式配电室	1. 名称 2. 型号 3. 规格 4. 质量 5. 基础规格、浇筑材质 6. 基础型钢形式、规格	套		1. 本体安装 2. 基础型钢制作、安装 3. 基础浇筑 4. 补刷(喷)油漆 5. 接地

续表

项目编码	项目名称	项目特征	计量单位	工程量计算规则	工程内容
030404007	硅整流柜	1. 名称 2. 型号 3. 规格 4. 容量（A） 5. 基础型钢形式、规格			1. 本体安装 2. 基础型钢制作、安装 3. 补刷（喷）油漆 4. 接地
030404008	可控硅①柜	1. 名称 2. 型号 3. 规格 4. 容量（kW） 5. 基础型钢形式、规格			
030404009	低压电容器柜		台	按设计图示数量计算	1. 本体安装 2. 基础型钢制作、安装 3. 端子板安装 4. 焊、压接线端子 5. 盘柜配线、端子接线 6. 小母线安装 7. 屏边安装 8. 补刷（喷）油漆 9. 接地
030404010	自动调节励磁屏	1. 名称 2. 型号 3. 规格 4. 基础型钢形式、规格 5. 接线端子材质、规格 6. 端子板外部接线材质、规格 7. 小母线材质、规格 8. 屏边规格			
030404011	励磁灭磁屏				
030404012	蓄电池屏(柜)				
030404013	直流馈电屏				
030404014	事故照明切换屏				
030404015	控制台	1. 名称 2. 型号 3. 规格 4. 基础型钢形式、规格 5. 接线端子材质、规格 6. 端子板外部接线材质、规格 7. 小母线材质、规格			1. 本体安装 2. 基础型钢制作、安装 3. 端子板安装 4. 焊、压接线端子 5. 盘柜配线、端子接线 6. 小母线安装 7. 补刷（喷）油漆 8. 接地
030404016	控制箱				1. 本体安装 2. 基础型钢制作、安装 3. 焊、压接线端子 4. 补刷（喷）油漆 5. 接地
030404017	配电箱				
030404018	插座箱	1. 名称 2. 型号 3. 规格 4. 安装方式			1. 本体安装 2. 接地

---

① "可控硅"的规范术语为"晶闸管"。

项目编码	项目名称	项目特征	计量单位	工程量计算规则	工程内容
030404019	控制开关	1. 名称 2. 型号 3. 规格 4. 接线端子材质、规格 5. 额定电流(A)	个		
030404020	低压熔断器				
030404021	限位开关				
030404022	控制器				
030404023	接触器				
030404024	磁力电动器				
030404025	Y-△自耦减压起动器	1. 名称 2. 型号 3. 规格 4. 接线端子材质、规格	台		1. 本体安装 2. 焊、压接线端子 3. 接线
030404026	电磁铁(电磁制动器)				
030404027	快速自动开关				
030404028	电阻器		箱	按设计图示数量计算	
030404029	油浸频敏变阻器		台		
030404030	分流器	1. 名称 2. 型号 3. 规格 4. 容量(A) 5. 接线端子材质、规格	个		
030404031	小电器	1. 名称 2. 型号 3. 规格 4. 接线端子材质、规格	个、套、台		
030404032	端子箱	1. 名称 2. 型号 3. 规格 4. 安装部位	台		1. 本体安装 2. 接线
030404033	风扇	1. 名称 2. 型号 3. 规格 4. 安装方式			1. 本体安装 2. 调试开关安装

续表

项目编码	项目名称	项目特征	计量单位	工程量计算规则	工程内容
030404034	照明开关	1. 名称 2. 材质	个	按设计图示数量计算	1. 本体安装 2. 接线
030404035	插座	3. 规格 4. 安装方式	个、套、台		
030404036	其他电器	1. 名称 2. 规格 3. 安装方式			1. 安装 2. 接线

编制清单时应注意以下几点。

(1) 对各种铁构件有特殊要求,如需镀锌、镀锡、喷塑等,需予以描述。

(2) 凡导线进出屏、柜、箱、低压电器的,该清单项目应描述是否要焊(压)接线端子。而电缆进出屏、柜、箱、低压电器的,可不描述焊(压)接线端子,因为已综合在电缆敷设的清单项目中(电缆头制作安装)。

(3) 凡需做盘(屏、柜)配线的清单项目必须予以描述。

(4) 控制开关包括自动空气开关、刀型开关、铁壳开关、胶盖刀闸开关、组合控制开关、万能转换开关、风机盘管三速开关、漏电保护开关等。

(5) 其他电器安装指本节未列的电器项目。其他电器必须根据电器实际名称确定项目名称,明确描述工作内容、项目特征、计量单位、计算规则。

5) 蓄电池安装工程

蓄电池安装工程清单项目设置适用于碱性蓄电池、固定密闭式铅酸蓄电池和免维护铅酸蓄电池安装工程量清单项目的编制和计量,蓄电池安装工程量清单项目设置见表4-6。

表 4-6 蓄电池安装(编码:030405)

项目编码	项目名称	项目特征	计量单位	工程量计算规则	工程内容
030405001	蓄电池	1. 名称 2. 型号 3. 容量(A·h) 4. 防震支架形式、材质 5. 充放电要求	个、组件	按设计图示数量计算	1. 防震支架安装 2. 本体安装 3. 充放电
030405002	太阳能电池	1. 名称 2. 型号 3. 规格 4. 容量 5. 安装方式	组		1. 安装 2. 电池方阵铁架安装 3. 联调

6) 电机检查接线及调试工程

电机检查接线及调试工程清单项目设置适用于发电机、调相机、普通小型直流电动机、可控硅调速直流电动机、普通交流同步电动机、低压交流异步电动机、高压交流异步电动机、交流变频调速电动机、微型电机、电加热器、电动机组的检查接线及调试的清单项目设置与计量。电机检查接线及调试工程量清单项目设置见表4-7。

表4-7 电机检查接线及调试工程(编码:030406)

项目编码	项目名称	项目特征	计量单位	工程量计算规则	工程内容
030406001	发电机	1. 名称 2. 型号 3. 容量(kW) 4. 接线端子材质、规格 5. 干燥要求	台	按设计图示数量计算	1. 检查接线 2. 接地 3. 干燥 4. 调试
030406002	调相机				
030406003	普通小型直流电动机				
030406004	可控硅调速直流电动机	1. 名称 2. 型号 3. 容量(kW) 4. 类型 5. 接线端子材质、规格 6. 干燥要求			
030406005	普通交流同步电动机	1. 名称 2. 型号 3. 容量(kW) 4. 启动方式 5. 电压等级(kV) 6. 接线端子材质、规格 7. 干燥要求			
030406006	低压交流异步电动机	1. 名称 2. 型号 3. 容量(kW) 4. 控制保护方式 5. 接线端子材质、规格 6. 干燥要求			
030406007	高压交流异步电动机	1. 名称 2. 型号 3. 容量(kW) 4. 保护类别 5. 接线端子材质、规格 6. 干燥要求			
030406008	交流变频调速电动机	1. 名称 2. 型号 3. 容量(kW) 4. 类别 5. 接线端子材质、规格 6. 干燥要求			

续表

项目编码	项目名称	项目特征	计量单位	工程量计算规则	工程内容
030406009	微型电机、电加热器	1. 名称 2. 型号 3. 规格 4. 接线端子材质、规格 5. 干燥要求	台	按设计图示数量计算	1. 检查接线 2. 接地 3. 干燥 4. 调试
030406010	电动机组	1. 名称 2. 型号 3. 电动机台数 4. 联锁台数 5. 接线端子材质、规格 6. 干燥要求	组		
030406011	备用励磁机组	1. 名称 2. 型号 3. 接线端子材质、规格 4. 干燥要求			
030406012	励磁电阻器	1. 名称 2. 型号 3. 规格 4. 接线端子材质、规格 5. 干燥要求	台		1. 本体安装 2. 检查接线 3. 干燥

编制清单时应注意以下几点。

（1）电机的本体安装应在附录 A.13(030113009)中列项。

（2）电机的控制装置的安装和接线在附录 D.4(控制设备及低压电器安装)中列项。对于电动机的型号、容量、控制方式(启动、保护)应描述清楚。

（3）按规范要求,从管口到电机接线盒间要有软管保护,项目应描述软管的材质、规格和长度,如设计要求用包塑金属软管、阻燃金属软管或采用铝合金软管接头等。长度均按设计计算。当设计没有规定时,平均每台电机配金属软管 1～1.5m(平均按 1.25m)计入清单。

（4）工程内容中应描述"接地"要求,如接地线的材质、防腐处理等。

（5）电机接线如需焊(压)接线端子,也应描述。

（6）电动机按其质量划分为大、中、小型:3t 以下为小型,3～30t 为中型,30t 以上为大型。

7）滑触线装置安装工程

滑触线装置安装工程清单项目设置适用于轻型、安全节能型滑触线,扁钢、角钢、圆钢、工字钢滑触线及移动软电缆安装工程量清单项目设置与计量。滑触线安装工程量清单项目的设置见表 4-8。

表 4-8　滑触线装置安装(编码:030407)

项目编码	项目名称	项目特征	计量单位	工程量计算规则	工程内容
030407001	滑触线	1. 名称 2. 型号 3. 规格 4. 材质 5. 支架形式、材质 6. 移动软电缆材质、规格、安装部位 7. 拉紧装置类型 8. 伸缩接头材质、规格	m	按设计图示尺寸以单相长度计算(含预留长度)	1. 滑触线安装 2. 滑触线支架制作、安装 3. 拉紧装置及挂式支持器制作、安装 4. 移动软电缆安装 5. 伸缩接头制作、安装

8）电缆安装工程

电缆安装工程清单项目设置适用于电力电缆和控制电缆的敷设、电缆头制作安装、电缆槽盒安装、电缆保护管敷设、电缆防火堵洞等工程量清单项目的设置和计量。电缆安装工程量清单项目的设置如表 4-9 所示。

表 4-9　电缆安装(编码:030408)

项目编码	项目名称	项目特征	计量单位	工程量计算规则	工程内容
030408001	电力电缆	1. 名称 2. 型号 3. 规格 4. 材质 5. 敷设方式、部位 6. 电压等级(kV) 7. 地形	m	按设计图示尺寸以长度计算(含预留长度及附加长度)	1. 电缆敷设 2. 揭(盖)盖板
030408002	控制电缆				
030408003	电缆保护管	1. 名称 2. 材质 3. 规格 4. 敷设方式		按设计图示尺寸以长度计算	保护管敷设
030408004	电缆槽盒	1. 名称 2. 材质 3. 规格 4. 型号			槽盒安装
030408005	铺砂、盖保护板(砖)	1. 种类 2. 规格			1. 铺砂 2. 盖板(砖)

续表

项目编码	项目名称	项目特征	计量单位	工程量计算规则	工程内容
030408006	电力电缆头	1.名称 2.型号 3.规格 4.材质、类型 5.安装部位 6.电压等级(kV)	个	按设计图示数量计算	1.电缆头制作 2.电缆头安装 3.接地
030408007	控制电缆头	1.名称 2.型号 3.规格 4.材质、类型 5.安装方式 6.电压等级(kV)	个	按设计图示数量计算	1.电缆头制作 2.电缆头安装 3.接地
030408008	防火堵洞		处		安装
030408009	防火隔板	1.名称 2.材质 3.方式 4.部位	m²	按设计图示尺寸以面积计算	安装
030408010	防火涂料		kg	按设计图示尺寸以质量计算	安装
030408011	电缆分支箱	1.名称 2.型号 3.规格 4.基础形式、材质、规格	台	按设计图示数量计算	1.本体安装 2.基础制作、安装

9）防雷及接地装置工程

防雷及接地装置工程清单项目设置适用于接地装置及防雷装置的工程量清单的编制与计量。接地装置包括生产生活用安全接地、防静电接地、保护地等一切接地装置的安装。避雷装置包括建筑物、构筑物、金属塔器等防雷装置，由受雷体、引下线、接地干线、接地极组成一个系统。接地装置及防雷装置的工程量清单项目设置见表4-10。

表4-10　防雷及接地装置(编码:030409)

项目编码	项目名称	项目特征	计量单位	工程量计算规则	工作内容
030409001	接地极	1.名称 2.材质 3.规格 4.土质 5.基础接地形式	根、块	按设计图示数量计算	1.接地极(板、桩)制作、安装 2.基础接地网安装 3.补刷(喷)油漆

项目编码	项目名称	项目特征	计量单位	工程量计算规则	工作内容
030409002	接地母线	1. 名称 2. 材质 3. 规格 4. 安装部位 5. 安装形式	m	按设计图示尺寸以长度计算（含附加长度）	1. 接地母线制作、安装 2. 补刷（喷）油漆
030409003	避雷引下线	1. 名称 2. 材质 3. 规格 4. 安装部位 5. 安装形式 6. 断接卡子、箱材质、规格			1. 避雷引下线制作、安装 2. 断接卡子、箱制作、安装 3. 利用主钢筋焊接 4. 补刷（喷）油漆
030409004	均压环	1. 名称 2. 材质 3. 规格 4. 安装形式			1. 均压环敷设 2. 钢铝窗接地 3. 柱主筋与圈梁焊接 4. 利用圈梁钢筋焊接 5. 补刷（喷）油漆
030409005	避雷网	1. 名称 2. 材质 3. 规格 4. 安装形式 5. 混凝土块标号			1. 避雷网制作、安装 2. 跨接 3. 混凝土块制作 4. 补刷（喷）油漆
030409006	避雷针	1. 名称 2. 材质 3. 规格 4. 安装形式、高度	根	按设计图示数量计算	1. 避雷针制作、安装 2. 跨接 3. 补刷（喷）油漆
030409007	半导体少长针消雷装置	1. 型号 2. 高度	套		本体安装
030409008	等电位端子箱、测试板	1. 名称 2. 材质 3. 规格	台、块		
030409009	绝缘垫		m²	按设计图示尺寸以展开面积计算	1. 制作 2. 安装
030409010	浪涌保护器	1. 名称 2. 规格 3. 安装形式 4. 防雷等级	个	按设计图示数量计算	1. 本体安装 2. 接线 3. 接地

项目编码	项目名称	项目特征	计量单位	工程量计算规则	工作内容
030409011	降阻剂	1. 名称 2. 类型	kg	按设计图示以质量计算	1. 挖土 2. 施放降阻剂 3. 回填土 4. 运输

编制清单时应注意以下几点。

(1) 避雷针的安装部位要描述清楚,它影响安装费用。如装在烟囱上、装在平面屋顶上、装在墙上、装在金属容器顶上、装在金属容器壁上及装在构筑物上。

(2) 利用柱筋作引下线的,需描述柱筋焊接根数。引下线的形式主要是单设引下线和利用柱筋引下。

(3) 利用桩基础作接地极时,应描述桩台下桩的根数、每桩台下需焊接柱筋根数。其工程量按柱引下线计算,利用基础钢筋作接地极按均压环项目编码列项。

(4) 利用圈梁筋作均压环的,需描述圈梁筋焊接根数。

(5) 接地母线材质、埋设深度、土壤类别需描述清楚。

10) 10kV 以下架空配电线路工程

10kV 以下架空配电线路工程清单项目设置适用于 10kV 以下架空配电线路工程量清单项目的设置与计量,包括电杆组立、导线架设两大部分项目。10kV 以下架空配电线路工程量清单项目的设置见表 4-11。

表 4-11　10kV 以下架空配电线路(编码:030410)

项目编码	项目名称	项目特征	计量单位	工程量计算规则	工作内容
030410001	电杆组立	1. 名称 2. 材质 3. 规格 4. 类型 5. 地形 6. 土质 7. 底盘、拉盘、卡盘规格 8. 拉线材质、规格、类型 9. 现浇基础类型、钢筋类型、规格,基础垫层要求 10. 电杆防腐要求	根、基	按设计图示数量计算	1. 施工定位 2. 电杆组立 3. 土(石)方挖填 4. 底盘、拉盘、卡盘安装 5. 电杆防腐 6. 拉线制作、安装 7. 现浇基础、基础垫层 8. 工地运输
030410002	横担组装	1. 名称 2. 材质 3. 规格 4. 类型 5. 电压等级(kV) 6. 瓷瓶型号、规格 7. 金具品种规格	组		1. 横担安装 2. 瓷瓶、金具组装

项目编码	项目名称	项 目 特 征	计量单位	工程量计算规则	工 作 内 容
030410003	导线架设	1. 名称 2. 型号 3. 规格 4. 地形 5. 跨越类型	km	按设计图示尺寸以单线长度计算（含预留长度）	1. 导线架设 2. 导线跨越及进户线架设 3. 工地运输
030410004	杆上设备	1. 名称 2. 型号 3. 规格 4. 电压等级(kV) 5. 支撑架种类、规格 6. 接线端子材质、规格 7. 接地要求	台、组	按设计图示数量计算	1. 支撑架安装 2. 本体安装 3. 焊压接线端子、接线 4. 补刷（喷）油漆 5. 接地

11）配管、配线工程

配管、配线工程清单项目设置适用于电气工程的配管、配线工程量清单项目设置。配管包括电线管敷设、钢管及防爆钢管敷设、可挠金属套管敷设、塑料管（硬质聚氯乙烯管、刚性阻燃管、半硬质阻燃管）敷设。配线包括管内穿线、瓷夹板配线，塑料夹板配线，鼓形、针式、蝶式绝缘子配线，木槽板、塑料槽板配线，塑料护套线敷设，线槽配线。配管、配线工程量清单项目设置见表 4-12 所示。

表 4-12 配管、配线（编码：030411）

项目编码	项目名称	项 目 特 征	计量单位	工程量计算规则	工 作 内 容
030411001	配管	1. 名称 2. 材质 3. 规格 4. 配置形式 5. 接地要求 6. 钢索材质、规格			1. 电线管路敷设 2. 钢索架设(拉紧装置安装) 3. 预留沟槽 4. 接地
030411002	线槽	1. 名称 2. 材质 3. 规格	m	按设计图示尺寸以长度计算	1. 本体安装 2. 补刷（喷）油漆
030411003	桥架	1. 名称 2. 型号 3. 规格 4. 材质 5. 类型 6. 接地方式			1. 本体安装 2. 接地

续表

项目编码	项目名称	项 目 特 征	计量单位	工程量计算规则	工 作 内 容
030411004	配线	1. 名称 2. 配线形式 3. 型号 4. 规格 5. 材质 6. 配线部位 7. 配线线制 8. 钢索材质、规格	m	按设计图示尺寸以单线长度计算(含预留长度)	1. 配线 2. 钢索架设(拉紧装置安装) 3. 支持体(夹板、绝缘子、槽板等)安装
030411005	接线箱	1. 名称 2. 材质	个	按设计图示数量计算	本体安装
030411006	接线盒	3. 规格 4. 安装形式			

12) 照明器具安装工程

照明器具安装工程清单项目设置适用于工业与民用建筑(含公用设施)及市政设施的照明器具的清单项目的设置与计量,包括普通吸顶灯及其他灯具、工厂灯、装饰灯具、荧光灯具、医疗专用灯具、一般路灯、广场灯、高杆灯、桥栏杆灯、地道涵洞灯等安装。其工程量清单项目设置见表4-13。

表4-13 照明灯具安装(编码:030412)

项目编码	项目名称	项 目 特 征	计量单位	工程量计算规则	工 作 内 容
030412001	普通灯具	1. 名称 2. 型号 3. 规格 4. 类型	套	按设计图示数量计算	本体安装
030412002	工厂灯	1. 名称 2. 型号 3. 规格 4. 安装形式			
030412003	高度标志(障碍)灯	1. 名称 2. 型号 3. 规格 4. 安装部位 5. 安装高度			
030412004	装饰灯	1. 名称 2. 型号			
030412005	荧光灯	3. 规格 4. 安装形式			

续表

项目编码	项目名称	项目特征	计量单位	工程量计算规则	工作内容
030412006	医疗专用灯	1. 名称 2. 型号 3. 规格	套	按设计图示数量计算	本体安装
030412007	一般路灯	1. 名称 2. 型号 3. 规格 4. 灯杆材质、规格 5. 灯架形式及臂长 6. 附件配置要求 7. 灯杆形式(单、双) 8. 基础形式、砂浆配合比 9. 杆座材质、规格 10. 接线端子材质、规格 11. 编号 12. 接地要求			1. 基础制作、安装 2. 立灯杆 3. 杆座安装 4. 灯架及灯具附件安装 5. 焊、压接线端子 6. 补刷(喷)油漆 7. 灯杆编号 8. 接地
030412008	中杆灯	1. 名称 2. 灯杆的材质及高度 3. 灯架的型号、规格 4. 附件配置 5. 光源数量 6. 基础形式、浇筑材质 7. 杆座材质、规格 8. 接线端子材质、规格 9. 铁构件规格 10. 编号 11. 灌浆配合比 12. 接地要求			1. 基础浇筑 2. 立灯杆 3. 杆座安装 4. 灯架及灯具附件安装 5. 焊、压接线端子 6. 铁构件安装 7. 补刷(喷)油漆 8. 灯杆编号 9. 接地
030412009	高杆灯	1. 名称 2. 灯杆高度 3. 灯架形式(成套或组装、固定或升降) 4. 附件配置 5. 光源数量 6. 基础形式、浇筑材质 7. 杆座材质、规格 8. 接线端子材质、规格 9. 铁构件规格 10. 编号 11. 灌浆配合比 12. 接地要求			1. 基础浇筑 2. 立灯杆 3. 杆座安装 4. 灯架及灯具附件安装 5. 焊、压接线端子 6. 铁构件安装 7. 补刷(喷)油漆 8. 灯杆编号 9. 升降机构接线调试 10. 接地

续表

项目编码	项目名称	项目特征	计量单位	工程量计算规则	工作内容
030412010	桥栏杆灯	1. 名称 2. 型号 3. 规格 4. 安装形式	套	按设计图示数量计算	1. 灯具安装 2. 补刷(喷)油漆
030412011	地道涵洞灯				

编制清单时应注意以下几点。

(1) 灯具的型号、规格应描述清楚,因为不同型号、规格的灯具价格不一样。

(2) 灯具应注明是成套型,还是组装型。灯具没带引导线的,应予说明。

(3) 灯具的安装高度,特别是安装高度超过5m的必须注明。

(4) 灯具的安装方式,如吸顶式、嵌入式、吊管式、吊链式等。

(5) 荧光灯和医疗专用灯工作内容中,如需支架制作、安装,也应在工作内容中予以描述。

13) 附属工程

附属工程量清单项目设置、项目特征描述的内容、计量单位及工程量计算规则应按表 4-14 的规定执行。

表 4-14 附属工程(编码:030413)

项目编码	项目名称	项目特征	计量单位	工程量计算规则	工作内容
030413001	铁构件	1. 名称 2. 材质 3. 规格	kg	按设计图示尺寸以质量计算	1. 制作 2. 安装 3. 补刷(喷)油漆
030413002	凿(压)槽	1. 名称 2. 规格 3. 类型 4. 填充(恢复)方式 5. 混凝土标准	m	按设计图示尺寸以长度计算	1. 开槽 2. 恢复处理
030413003	打洞(孔)	1. 名称 2. 规格 3. 类型 4. 填充(恢复)方式 5. 混凝土标准	个	按设计图示数量计算	1. 开孔、洞 2. 恢复处理
030413004	管道包封	1. 名称 2. 规格 3. 混凝土强度等级	m	按设计图示长度计算	1. 灌注 2. 养护
030413005	人(手)孔砌筑	1. 名称 2. 规格 3. 类型	个	按设计图示数量计算	砌筑

续表

项目编码	项目名称	项目特征	计量单位	工程量计算规则	工作内容
030413006	人（手）孔防水	1. 名称 2. 类型 3. 规格 4. 防水材质及做法	m²	按设计图示防水面积计算	防水

14）电气调整试验工程

电气调整试验工程清单项目设置适用于电气设备的本体试验和主要设备系统调试的工程量清单项目设置与计量。电气调整试验清单项目包括电力变压器系统、送配电装置系统、特殊保护装置（距离保护、高频保护、失灵保护、电机失磁保护、变流器断线保护、小电流接地保护）、自动投入装置、接地装置等系统的调整试验。其工程量清单项目设置见表4-15。

表 4-15　电气调整试验（编码：030414）

项目编码	项目名称	项目特征	计量单位	工程量计算规则	工作内容
030414001	电力变压器系统	1. 名称 2. 型号 3. 容量（kV·A）	系统	按设计图示系统计算	系统调试
030414002	送配电装置系统	1. 名称 2. 型号 3. 电压等级（kV） 4. 类型	系统	按设计图示系统计算	系统调试
030414003	特殊保护装置		台、套	按设计图示数量计算	调试
030414004	自动投入装置	1. 名称 2. 类型	系统、台、套	按设计图示数量计算	调试
030414005	中央信号装置		系统、台	按设计图示数量计算	调试
030414006	事故照明切换装置		系统	按设计图示系统计算	调试
030414007	不间断电源	1. 名称 2. 类型 3. 容量	系统	按设计图示系统计算	调试
030414008	母线	1. 名称 2. 电压等级（kV）	段	按设计图示数量计算	调试
030414009	避雷器		组	按设计图示数量计算	调试
030414010	电容器		组	按设计图示数量计算	调试

项目编码	项目名称	项目特征	计量单位	工程量计算规则	工作内容
030414011	接地装置	1. 名称 2. 类别	系统、组	1. 以系统计量,按设计图示系统计算 2. 以组计量,按设计图示数量计算	接地电阻测试
030414012	电抗器、消弧线圈		台	按设计图示数量计算	
030414013	电除尘器	1. 名称 2. 型号 3. 规格	组		调试
030414014	硅整流设备、可控硅整流装置	1. 名称 2. 类别 3. 电压(V) 4. 电流(A)	系统	按设计图示系统计算	
030414015	电缆试验	1. 名称 2. 电压等级(kV)	次、根、点	按设计图示数量计算	试验

任务 4.3 编制给排水工程量清单

1."给排水、采暖、燃气工程"与其他工程的界限划分

给排水、采暖、燃气工程工程量清单项目设置可参见《通用安装工程工程量计算规范》(GB 50856—2013)(以下简称"本规范")中附录 K,适用于采用工程量清单计价的新建、扩建的生活用给排水、采暖、燃气工程。

(1)编制附录 K"给排水、采暖、燃气工程"清单项目如涉及管沟的土石方、垫层、基础、砌筑抹灰、地沟盖板、土石方回填、土石方运输等工程内容时,按《房屋建筑与装饰工程工程量计算规范》(GB 50854—2013)相关项目编码列项。路面开挖及修复、管道支墩、井砌筑等工程内容,按《市政工程工程量计算规范》(GB 50857—2013)相关项目编码列项。

(2)管道热处理、无损探伤,应按本规范附录 H"工业管道工程"相关项目编码列项。

(3)医疗气体管道及附件,应按本规范附录 H"工业管道工程"相关项目编码列项。

(4)管道、设备及支架除锈、刷油、保温除注明者外,应按本规范附录 M"刷油、防腐蚀、绝热工程"相关项目编码列项。

(5)凿槽(沟)、打洞项目,应按本规范附录 D"电气设备安装工程"相关项目编码列项。

2. 清单项目设置

1) 给排水、采暖管道安装

给排水、采暖、燃气管道工程量清单项目设置、项目特征描述的内容、计量单位及工程量计算规则应按表 4-16 的规定执行。

表 4-16 给排水、采暖、燃气管道(编码:031001)

项目编码	项目名称	项 目 特 征	计量单位	工程量计算规则	工 作 内 容
031001001	镀锌钢管	1. 安装部位 2. 介质 3. 规格、压力等级 4. 连接形式 5. 压力试验及吹、洗设计要求 6. 警示带形式	m	按设计图示管道中心线以长度计算	1. 管道安装 2. 管件制作、安装 3. 压力试验 4. 吹扫、冲洗 5. 警示带铺设
031001002	钢管				
031001003	不锈钢管				
031001004	铜管				
031001005	铸铁管	1. 安装部位 2. 介质 3. 材质、规格 4. 连接形式 5. 接口材料 6. 压力试验及吹、洗设计要求 7. 警示带形式			1. 管道安装 2. 管件安装 3. 压力试验 4. 吹扫、冲洗 5. 警示带铺设
031001006	塑料管	1. 安装部位 2. 介质 3. 材质、规格 4. 连接形式 5. 阻火圈设计要求 6. 压力试验及吹、洗设计要求 7. 警示带形式			1. 管道安装 2. 管件安装 3. 塑料卡固定 4. 阻火圈安装 5. 压力试验 6. 吹扫、冲洗 7. 警示带铺设
031001007	复合管	1. 安装部位 2. 介质 3. 材质、压力等级 4. 连接形式 5. 压力试验及吹、洗设计要求 6. 警示带形式			1. 管道安装 2. 管件安装 3. 塑料卡固定 4. 压力试验 5. 吹扫、冲洗 6. 警示带铺设

续表

项目编码	项目名称	项目特征	计量单位	工程量计算规则	工作内容
031001008	直埋式预制保温管	1. 埋设深度 2. 介质 3. 管道材质、规格 4. 连接形式 5. 接口保温材料 6. 压力试验及吹、洗设计要求 7. 警示带形式	m	按设计图示管道中心线以长度计算	1. 管道安装 2. 管件安装 3. 接口保温 4. 压力试验 5. 吹扫、冲洗 6. 警示带铺设
031001009	承插陶瓷缸瓦管	1. 埋设深度 2. 规格 3. 接口方式及材料 4. 压力试验及吹、洗设计要求 5. 警示带形式			1. 管道安装 2. 管件安装 3. 压力试验 4. 吹扫、冲洗 5. 警示带铺设
031001010	承插水泥管				
031001011	室外管道碰头	1. 介质 2. 碰头形式 3. 材质、规格 4. 连接形式 5. 防腐、绝热设计要求	处	按设计图示以处计算	1. 挖填工作坑或暖气沟拆除及修复 2. 碰头 3. 接口处防腐 4. 接口处绝热及保护层

编制清单时应注意以下几点。

（1）安装部位，指管道安装在室内、室外。

（2）输送介质包括给水、排水、中水、雨水、热媒体、燃气、空调水等。

（3）方形补偿器制作安装应含在管道安装综合单价中。

（4）铸铁管安装适用于承插铸铁管、球墨铸铁管、柔性抗震铸铁管等。

（5）塑料管安装适用于 UPVC、PVC、PPR、PE 等塑料管材。

（6）复合管安装适用于钢塑复合管、铝塑复合管、钢骨架复合管等复合型管道安装。

（7）直埋保温管包括直埋保温管件安装及接口保温。

（8）排水管道安装包括立管检查口、透气帽。

（9）室外管道碰头包括以下几种情况。

① 适用于新建或扩建工程热源、水源、气源管道与原（旧）有管道碰头。

② 室外管道碰头包括挖工作坑、土方回填或暖气沟局部拆除及修复。

③ 带介质管道碰头包括开关闸、临时放水管线铺设等费用。

④ 热源管道碰头每处包括供水、回水两个接口。

⑤ 碰头形式指带介质碰头、不带介质碰头。

（10）管道工程量计算不扣除阀门、管件（包括减压器、疏水器、水表、伸缩器等组成安装）及附属构筑物所占长度；方形补偿器以其所占长度列入管道安装工程量。

（11）压力试验按设计要求描述试验方法，如水压试验、气压试验、泄漏性试验、闭水试验、通球试验、真空试验等。

（12）吹、洗按设计要求描述吹扫、冲洗方法，如水冲洗、消毒冲洗、空气吹扫等。

2）支架及其他制作安装

支架及其他工程量清单项目设置、项目特征描述的内容、计量单位及工程量计算规则，应按表 4-17 的规定执行。

表 4-17　支架及其他（编码：031002）

项目编码	项目名称	项目特征	计量单位	工程量计算规则	工作内容
031002001	管道支架	1. 材质 2. 管架形式	kg、套	1. 以 kg 计量，按设计图示质量计算 2. 以套计量，按设计图示数量计算	1. 制作 2. 安装
031002002	设备支架	1. 材质 2. 形式			
031002003	套管	1. 名称、类型 2. 材质 3. 规格 4. 填料材质	个	按设计图示数量计算	1. 制作 2. 安装 3. 除锈、刷油

编制清单时应注意以下几点。

（1）单件支架质量 100kg 以上的管道支吊架执行设备支吊架制作安装。

（2）成品支架安装执行相应管道支架或设备支架项目，不再计取制作费。

（3）套管制作安装适用于穿基础、墙、楼板等部位的防水套管、填料套管、无填料套管及防火套管等，应分别列项。

3）管道附件制作安装

管道附件工程量清单项目设置、项目特征描述的内容、计量单位及工程量计算规则应按表 4-18 的规定执行。

表 4-18　管道附件（编码：031003）

项目编码	项目名称	项目特征	计量单位	工程量计算规则	工作内容
031003001	螺纹阀门	1. 类型 2. 材质 3. 规格、压力等级 4. 连接形式 5. 焊接方法	个	按设计图示数量计算	1. 安装 2. 电气接线 3. 调试
031003002	螺纹法兰阀门				
031003003	焊接法兰阀门				

续表

项目编码	项目名称	项目特征	计量单位	工程量计算规则	工作内容
031003004	带短管甲乙阀门	1. 材质 2. 规格、压力等级 3. 连接形式 4. 接口方式及材质	个	按设计图示数量计算	1. 安装 2. 电气接线 3. 调试
031003005	塑料阀门	1. 规格 2. 连接形式			1. 安装 2. 调试
031003006	减压器	1. 材质 2. 规格、压力等级 3. 连接形式 4. 附件配置	组		组装
031003007	疏水器				
031003008	除污器（过滤器）	1. 材质 2. 规格、压力等级 3. 连接形式			安装
031003009	补偿器	1. 类型 2. 材质 3. 规格、压力等级 4. 连接形式	个		
0310030010	软接头(软管)	1. 材质 2. 规格 3. 连接形式	个（组）		
031003011	法兰	1. 材质 2. 规格、压力等级 3. 连接形式	副（片）		
031003012	倒流防止器	1. 材质 2. 型号、规格 3. 连接形式	套		
031003013	水表	1. 安装部位(室内外) 2. 型号、规格 3. 连接形式 4. 附件配置	组（个）		组装
031003014	热量表	1. 类型 2. 型号、规格 3. 连接形式	块		
031003015	塑料排水管消声器	1. 规格 2. 连接形式	个		安装
031003016	浮标液面计		组		
031003017	浮漂水位标尺	1. 用途 2. 规格	套		

4）卫生器具制作安装

卫生器具工程量清单项目设置、项目特征描述的内容、计量单位及工程量计算规则应按表 4-19 的规定执行。

表 4-19　卫生器具（编码：031004）

项目编码	项目名称	项目特征	计量单位	工程量计算规则	工作内容
031004001	浴缸	1. 材质 2. 规格、类型 3. 组装形式 4. 附件名称、数量	组	按设计图示数量计算	1. 器具安装 2. 附件安装
031004002	净身盆				
031004003	洗脸盆				
031004004	洗涤盆				
031004005	化验盆				
031004006	大便器				
031004007	小便器				
031004008	其他成品卫生器具				
031004009	烘手器	1. 材质 2. 型号、规格	个		安装
031004010	淋浴器	1. 材质、规格 2. 组装形式 3. 附件名称、数量	套		1. 器具安装 2. 附件安装
031004011	淋浴间				
031004012	桑拿浴房				
031004013	大、小便槽自动冲洗水箱	1. 材质、类型 2. 规格 3. 水箱配件 4. 支架形式及做法 5. 器具及支架除锈、刷油设计要求	套		1. 制作 2. 安装 3. 支架制作、安装 4. 除锈、刷油
031004014	给排水附（配）件	1. 材质 2. 型号、规格 3. 安装方式	个（组）		安装
031004015	小便槽冲洗管	1. 材质 2. 规格	m	按设计图示长度计算	
031004016	蒸汽-水加热器	1. 类型 2. 型号、规格 3. 安装方式	套	按设计图示数量计算	1. 制作 2. 安装
031004017	冷热水混合器				
031004018	饮水器				
031004019	隔油器	1. 类型 2. 型号、规格 3. 安装部位			安装

编制清单时应注意以下几点。

(1) 成品卫生器具项目中的附件安装,主要是指给水附件包括水嘴、阀门、喷头等,排水配件包括存水弯、排水栓、下水口等以及配备的连接管。

(2) 浴缸支座和浴缸周边的砌砖、瓷砖粘贴应按现行国家标准《房屋建筑与装饰工程工程量计算规范》(GB 50854—2013)相关项目编码列项,功能性浴缸不含电机接线和调试,应按本规范附录D"电气设备安装工程"相关项目编码列项。

(3) 洗脸盆适用于洗脸盆、洗发盆、洗手盆安装。

(4) 器具安装中若采用混凝土或砖基础,应按现行国家标准《房屋建筑与装饰工程工程量计算规范》(GB 50854—2013)相关项目编码列项。

(5) 给排水附(配)件是指独立安装的水嘴、地漏、地面扫出口等。

5) 供暖器具安装

采暖、给排水设备工程量清单项目设置、项目特征描述的内容、计量单位及工程量计算规则应按表4-20的规定执行。

表 4-20 供暖器具(编码:031005)

项目编码	项目名称	项目特征	计量单位	工程量计算规则	工作内容
031005001	铸铁散热器	1. 型号、规格 2. 安装方式 3. 托架形式 4. 器具、托架除锈、刷油设计要求	片(组)		1. 组对、安装 2. 水压试验 3. 托架制作、安装 4. 除锈、刷油
031005002	钢制散热器	1. 结构形式 2. 型号、规格 3. 安装方式 4. 托架刷油设计要求	组(片)	按设计图示数量计算	1. 安装 2. 托架安装 3. 托架刷油
031005003	其他成品散热器	1. 材质、类型 2. 型号、规格 3. 托架刷油设计要求			
031005004	光排管散热器	1. 材质、类型 2. 型号、规格 3. 托架形式及做法 4. 器具、托架除锈、刷油设计要求	m	按设计图示排管长度计算	1. 制作、安装 2. 水压试验 3. 除锈、刷油
031005005	暖风机	1. 质量 2. 型号、规格 3. 安装方式	台	按设计图示数量计算	安装

续表

项目编码	项目名称	项 目 特 征	计量单位	工程量计算规则	工 作 内 容
031005006	地板辐射采暖	1. 保温层材质、厚度 2. 钢丝网设计要求 3. 管道材质、规格 4. 压力试验及吹扫设计要求	m²、m	1. 以 m² 计量,按设计图示采暖房间净面积计算 2. 以 m 计量,按设计图示管道长度计算	1. 保温层及钢丝网铺设 2. 管道排布、绑扎、固定 3. 与分集水器连接 4. 水压试验、冲洗 5. 配合地面浇注
031005007	热媒集配装置	1. 材质 2. 规格 3. 附件名称、规格、数量	台	按设计图示数量计算	1. 制作 2. 安装 3. 附件安装
031005008	集气罐	1. 材质 2. 规格	个		1. 制作 2. 安装

6) 采暖、给排水设备

采暖、给排水设备工程量清单项目设置、项目特征描述的内容、计量单位及工程量计算规则应按表 4-21 的规定执行。

表 4-21 采暖、给排水设备(编码:031006)

项目编码	项目名称	项 目 特 征	计量单位	工程量计算规则	工 作 内 容
031006001	变频给水设备	1. 设备名称 2. 型号、规格 3. 水泵主要技术参数 4. 附件名称、规格、数量 5. 减震装置形式	套	按设计图示数量计算	1. 设备安装 2. 附件安装 3. 调试 4. 减震装置制作、安装
031006002	稳压给水设备				
031006003	无负压给水设备				
031006004	气压罐	1. 型号、规格 2. 安装方式	台		1. 安装 2. 调试
031006005	太阳能集热装置	1. 型号、规格 2. 安装方式 3. 附件名称、规格、数量	套		1. 安装 2. 附件安装
031006006	地源(水源、气源)热泵机组	1. 型号、规格 2. 安装方式 3. 减震装置形式	组		1. 安装 2. 减震装置制作、安装

项目编码	项目名称	项目特征	计量单位	工程量计算规则	工作内容
031006007	除砂器	1. 型号、规格 2. 安装方式	台	按设计图示数量计算	安装
031006008	水处理器				
031006009	超声波灭藻设备	1. 类型 2. 型号、规格			
031006010	水质净化器				
031006011	紫外线杀菌设备	1. 名称 2. 规格			
031006012	热水器、开水炉	1. 能源种类 2. 型号、容积 3. 安装方式			1. 安装 2. 附件安装
031006013	消毒器、消毒锅	1. 类型 2. 型号、规格			安装
031006014	直饮水设备	1. 名称 2. 规格	套		
031006015	水箱	1. 材质、类型 2. 型号、规格	台		1. 制作 2. 安装

7) 燃气器具及其他

燃气器具及其他清单设置见表 4-22。

表 4-22 燃气器具及其他(编码:031007)

项目编码	项目名称	项目特征	计量单位	工程量计算规则	工作内容
031007001	燃气开水炉	1. 型号、容量 2. 安装方式 3. 附件型号、规格	台	按设计图示数量计算	1. 安装 2. 附件安装
031007002	燃气采暖炉				
031007003	燃气沸水器、消毒器	1. 类型 2. 型号、容量 3. 安装方式 4. 附件型号、规格			
031007004	燃气热水器				
031007005	燃气表	1. 类型 2. 型号、规格 3. 连接方式 4. 托架设计要求	块 (台)		1. 安装 2. 托架制作、安装

续表

项目编码	项目名称	项目特征	计量单位	工程量计算规则	工作内容
031007006	燃气灶具	1. 用途 2. 类型 3. 型号、规格 4. 安装方式 5. 附件型号、规格	台	按设计图示数量计算	1. 安装 2. 附件安装
031007007	气嘴	1. 单嘴、双嘴 2. 材质 3. 型号、规格 4. 连接形式	个		安装
031007008	调压器	1. 类型 2. 型号、规格 3. 安装方式	台		
031007009	燃气抽水缸	1. 材质 2. 规格 3. 连接形式	个		
031007010	燃气管道调长器	1. 规格 2. 压力等级 3. 连接形式	个		
031007011	调压箱、调压装置	1. 类型 2. 型号、规格 3. 安装部位	台		
031007012	引入口砌筑	1. 砌筑形式、材质 2. 保温、保护材料设计要求	处		1. 保温(保护)台砌筑 2. 填充保温(保护)材料

8）医疗气体设备及附件

医疗气体设备及附件清单设置见表4-23。

表 4-23　医疗气体设备及附件(编码:031008)

项目编码	项目名称	项目特征	计量单位	工程量计算规则	工作内容
031008001	制氧机	1. 型号、规格 2. 安装方式	台	按设计图示数量计算	1. 安装 2. 调试
031008002	液氧罐		台		
031008003	二级稳压箱				
031008004	气体汇流排		组		
031008005	集污罐		个		安装
031008006	刷手池	1. 材质、规格 2. 附件材质、规格	组		1. 器具安装 2. 附件安装

项目编码	项目名称	项目特征	计量单位	工程量计算规则	工作内容
031008007	医用真空罐	1. 型号、规格 2. 安装方式 3. 附件材质、规格	台	按设计图示数量计算	1. 本体安装 2. 附件安装 3. 调试
031008008	气水分离器	1. 规格 2. 型号			安装
031008009	干燥机	1. 规格 2. 安装方式			1. 安装 2. 调试
031008010	储气罐				
031008011	空气过滤器		个		
031008012	集水器		台		
031008013	医疗设备带	1. 材质 2. 规格	m	按设计图示长度计算	
031008014	气体终端	1. 名称 2. 气体种类	个	按设计图示数量计算	

9) 采暖、空调水工程系统调试

采暖、空调水工程系统调试工程量清单项目设置、项目特征描述的内容、计量单位及工程量计算规则应按表 4-24 的规定执行。

表 4-24　采暖、空调水工程系统调试 (编码:031009)

项目编码	项目名称	项目特征	计量单位	工程量计算规则	工程内容
031009001	采暖工程系统调试	1. 系统形式 2. 采暖(空调水)管道工程量	系统	按采暖工程系统计算	系统调试
031009002	空调水工程系统调试			按空调水工程系统计算	

10) 需要说明的问题

(1) 卫生、供暖、燃气器具安装工程中,卫生器具包括浴盆、净身盆、洗脸盆、洗涤盆、化验盆、淋浴器、大便器、小便器、排水栓、扫除口、地漏等,还包括各种热水器、消毒器、饮水器等;供暖器具包括各种类型散热器、光排管、暖风机、空气幕等;燃气器具包括燃气开水器、燃气采暖炉、燃气热水器、燃气灶具、气嘴等项目。按材质及组装形式、型号、规格、水开关种类、连接方式等不同特征编制清单项目。

(2) 下列各种特征必须在工程量清单中明确描述,以便计价。

① 卫生器具中浴盆的材质(搪瓷、玻璃钢、塑料)、规格(1400、1650、1800)、组装形式(冷水、冷热水、冷热水带喷头),洗脸盆的型号(立式、台式、普通)、规格、组装形式(冷水、冷热水)、开关种类(肘式、脚踏式),淋浴器的组成形式(钢管组成、铜管组成),大便器的规格型号(蹲式、坐式、低水箱、高水箱)、开关及冲洗形式(普通冲洗阀冲洗、手压冲洗、脚踏冲

洗、自闭式冲洗),小便器规格、型号(挂斗式、立式),水箱的形状(圆形、方形)、质量。

② 供暖器具的铸铁散热器的型号及规格(长翼、圆翼、M132、柱形),光排管散热器的型号(A、B型)、长度。

③ 燃气器具如开水炉的型号、采暖炉的型号、热水器的型号、快速热水器的型号(直排、烟排、平衡)、灶具的型号(煤气、天然气,民用灶具,公用灶具,单眼、双眼、三眼)。

④ 光排管式散热管制作安装,工程量按长度以 m 为单位计算。在计算工程量长度时,每组光排管之间的连接管长度不能计入光排管制作安装工程量中。

任务 4.4　编制通风空调工程量清单

1."通风空调工程"与其他相关工程的界限划分

《通用安装工程工程量计算规范》(GB 50856—2013)(以下简称"本规范")附录 G"通风空调工程"适用于采用工程量清单报价的新建、扩建工程中的通风空调工程,包括通风空调设备及部件制作安装、通风管道制作安装、通风管道部件制作以及安装通风工程检测、调试。

(1) 附录 G 的通风设备、除尘设备、专供为通风工程配套的各种风机及除尘设备,其他工业用风机(如热力设备用风机)及除尘设备应按本规范附录 A 及附录 B 的相关项目编制工程量清单。

(2) 冷冻机组站内的设备安装及管道安装按本规范附录 A 及附录 H 的相应项目编制清单项目。冷冻站外墙皮以外通往通风空调设备的供热、供水等管道应按本规范附录 K 的相应项目编制清单项目。

(3) 冷冻机组站内的管道安装,应按本规范附录 H"工业管道工程"相关项目编码列项。

(4) 冷冻站外墙皮以外通往通风空调设备的供热、供冷、供水等管道应按本规范附录 K 给排水、采暖、燃气工程相关项目编码列项。

(5) 设备和支架的除锈、刷漆、保温及保护层安装应按本规范附录 M "刷油、防腐蚀、绝热工程"相关项目编码列项。

2. 清单项目设置

1) 通风及空调设备及部件制作安装

通风及空调设备安装工程包括空气加热器、通风机、除尘设备、空调器(各式空调机、风机盘管等)、过滤器、净化工作台、风淋室、洁净室及空调机的配件制作安装项目。

通风空调设备应按项目特征不同编制工程量清单,如风机安装的形式应描述离心式、轴流式、屋顶式、卫生间通风器,规格为风机叶轮直径 4♯、5♯等;除尘器应标出每台的质量;空调器的安装位置应描述吊顶式、落地式、墙上式、窗式、分段组装式,并标出每台空调器的质量;风机盘管的安装应标出吊顶式、落地式;过滤器的安装应描述初效过滤器、中效过滤器、高效过滤器。

2) 通风管道制作安装

通风管道制作安装工程包括碳钢通风管道制作安装、净化通风管制

通风及空调设备及部件制作安装清单设置

通风管道制作安装清单设置

作安装、不锈钢板风管制作安装、铝板风管制作安装、塑料风管制作安装、复合型风管制作安装、柔性风管安装。

通风管道制作安装工程量清单应描述风管的材质、形状(圆形、矩形、渐缩形)、管径(矩形风管按周长)、厚度、连接形式(咬口、焊接)、风管及支架油漆种类及要求、绝热材料、保护层材料、检查孔及测温孔的规格、质量等特征,投标人按工程量清单特征或图纸要求报价。

需要说明的问题如下。

(1) 通风管道的法兰垫料或封口材料可按图纸要求的材质计价。

(2) 净化风管的空气清净度按100000级标准编制。

(3) 净化风管使用的型钢材料如图纸要求镀锌时,镀锌费另计。

(4) 不锈钢风管制作安装,不论圆形还是矩形,均按圆形风管计价。

(5) 不锈钢、铝风管的风管厚度可按图纸要求的厚度列项。厚度不同时只调整板材价,其他不作调整。

(6) 碳钢风管、净化风管、塑料风管、玻璃钢风管的工程内容中均列有法兰、加固框、支吊架制作安装工程内容,若招标人或受招标人委托的工程造价咨询单位编制工程标底,上述的工程内容已包括在该子目的制作安装定额内,则不再重复列项。

3) 通风管道部件制作安装

通风管道部件制作安装,包括各种材质、规格和类型的阀类制作安装、散流器制作安装、风口制作安装、风帽制作安装、罩类制作安装、消声器制作安装等项目。

通风管道附件制作安装清单设置

在编制工程量清单时应注意以下几点。

(1) 有的部件图纸要求制作安装,有的要求用成品部件,只安装不制作,这类特征在工程量清单中应明确描述。

(2) 碳钢调节阀制作安装项目包括空气加热器上通风旁通阀、圆形瓣式启动阀、保温及不保温风管蝶阀、风管止回阀、密闭式斜插板阀、矩形风管三通调节阀、对开多叶调节阀、风管防火阀、各类风罩调节阀等。编制工程量清单时,除明确描述上述调节阀的类型外,还应描述其规格、质量、形状(方形、圆形)等特征。

(3) 散流器制作安装项目包括矩形空气分布器、圆形散流器、方形散流器、流线型散流器、百叶风口、矩形风口、旋转吹风口、送吸风口、活动算式风口、网式风口、钢百叶窗等。编制工程量清单时,除明确描述上述散流器及风口的类型外,还应描述其规格、质量、形状(方形、圆形)等特征。

(4) 风帽制作安装项目包括碳钢风帽、不锈钢板风帽、铝风帽、塑料风帽等。编制工程量清单时,除明确描述上述风帽的材质外,还应描述其规格、质量、形状(伞形、锥形、筒形)等特征。

(5) 罩类制作安装项目包括皮带防护罩、电动机防雨罩、侧吸罩、焊接台排气罩、整体分组式槽边侧吸罩、吹吸式槽边通风罩、条缝槽边抽风罩、泥心烘炉排气罩、升降式回转排气罩、上下吸式圆形回转罩、升降式排气罩、手锻炉排气罩等,在编制上述罩类工程量清单时,应明确描述出罩类的种类、质量等特征。

(6) 消声器制作安装项目包括片式消声器、矿棉管式消声器、聚酯泡沫管式消声器、卡普隆纤维式消声器、弧形声流式消声器、阻抗复合式消声器、消声弯头等。编制消声器制作安装工程量清单时,应明确描述出消声器的种类、质量等特征。

4)通风工程检测、调试

通风工程检测、调试项目,安装单位应在工程安装后做系统检测及调试。检测的内容应包括管道漏光、漏风试验,风量及风压测定,空调工程温度、湿度测定,各项调节阀、风口、排气罩的风量、风压调整等全部试调过程。

通风工程检测
调试清单设置

学习笔记

思考与练习题

1. 选择题

(1) 以下是电力电缆清单项目的工作内容的为( )。

    A. 电缆沟揭(盖)盖板   B. 电缆头制作安装

    C. 防火堵洞   D. 过路保护管敷设

(2) 镀锌扁钢-40×4户外接地母线设计图示长度为20m,清单工程量为( )m。

    A. 20.00   B. 21.00   C. 20.78   D. 21.82

(3) 工程量清单"避雷引下线"的工作内容不包括( )。

    A. 避雷引下线制作、安装   B. 断接卡子、箱制作、安装

    C. 利用主钢筋焊接   D. 柱主筋与圈梁焊接

(4) 单独安装的水龙头,工程量清单的项目名称为( )。

    A. 水龙头   B. 其他成品卫生器具

    C. 给排水附(配)件   D. 无须单独列项

(5) 通风工程检测、调试项目不包括( )。

    A. 漏风量试验   B. 温湿度测定

    C. 风压调试   D. 风口安装

(6) 下列不属于给排水、采暖、燃气工程工程量计算规范中钢管清单子目的工作内容的为( )。

    A. 压力试验   B. 警示带铺设

    C. 管道接口保温   D. 管件制作、安装

2. 填空题

(1) 工程量清单的项目编码采用5级编码设置,当第1级编码为04时表示_____,第5级编码表示_____。

(2) 根据《通用安装工程工程量计算规范》(GB 50856—2013),项目编码为030412004工程量清单的项目名称是_____,030408001的项目名称是_____,030409003的项目名称是_____,031204009项目名称是_____。

(3) 根据《通用安装工程工程量计算规范》(GB 50856—2013),干式变压器安装工程量清单的项目编码是_____,配线的项目编码是_____。

(4) 室内给水管,材质为PPR管,管径为DN32,采用热熔连接,试压消毒冲洗,其工程量清单的前9位项目编码为_____,项目名称为_____。

(5) 地面清扫口工程量清单前9位项目编码是_____。

(6) 对开多叶调节阀工程量清单的项目名称为_____。

3. 简答题

（1）工程量清单包括哪几部分？

_____

_____

_____

（2）通用安装工程有哪些分部分项工程？

_____

_____

_____

（3）分部分项工程量清单由哪几部分组成？

_____

_____

_____

（4）其他项目清单、规费项目及税金项目清单分别包括哪几部分？

_____

_____

_____

4. 分析题

某工程按设计图纸计算工程内容包括安装 5 台落地式配电箱,该配电箱为成品,内部配线已经完成。需制作安装基础槽钢和进出的接线。具体工作内容如下。

（1）落地式配电箱 XL-21 共 5 台。

（2）制作安装 10 号基础槽钢共 15m。

（3）共完成 2.5mm² 无端子接线 60 个,焊接 16mm² 铜接线端子 25 个,压接 70mm² 铜接线端子 30 个。

请根据以上工作内容编制分部分项工程量清单,完成表 4-25。

表 4-25　分部分项工程量清单

项目编码	项目名称	项目特征	计量单位	工程数量

综 合 实 训

综合实训 1

编制电气工程工程量清单。

根据《建设工程工程量清单计价规范》(GB 50500—2013)及《通用安装工程工程量计算规范》(GB 50856—2013),编制完成项目 1 中的综合实训 1 电气工程工程量清单,并填入表 4-26。

表 4-26　电气工程工程量清单

序号	项目编码	项目名称	项目 特 征	计量单位	工程数量

续表

序号	项目编码	项目名称	项 目 特 征	计量单位	工程数量

综合实训 2

编制防雷接地工程工程量清单。

根据《建设工程工程量清单计价规范》(GB 50500—2013)及《通用安装工程工程量计算规范》(GB 50856—2013),编制完成项目 1 中的综合实训 3 防雷接地工程工程量清单,并填入表 4-27。

表 4-27　防雷接地工程工程量清单

序号	项目编码	项目名称	项 目 特 征	计量单位	工程数量

序号	项目编码	项目名称	项 目 特 征	计量单位	工程数量

综合实训 3

编制给排水工程工程量清单。

根据《建设工程工程量清单计价规范》(GB 50500—2013)及《通用安装工程工程量计算规范》(GB 50856—2013),编制完成项目 2 中的综合实训 1 给排水工程工程量清单,并填入表 4-28。

表 4-28　给排水工程工程量清单

序号	项目编码	项目名称	项 目 特 征	计量单位	工程数量

续表

序号	项目编码	项目名称	项 目 特 征	计量单位	工程数量

综合实训 4

编制通风工程量清单。

根据《建设工程工程量清单计价规范》(GB 50500—2013)及《通用安装工程工程量计算规范》(GB 50856—2013),编制完成项目 3 综合实训 1 的通风工程工程量清单,并填入表 4-29。

表 4-29 通风工程工程量清单

序号	项目编码	项目名称	项 目 特 征	计量单位	工程数量

序号	项目编码	项目名称	项 目 特 征	计量单位	工程数量

项目 5 工程量清单计价

项目概述

本项目通过对综合单价的组成及计算、工程造价的组成及计算、安装工程计价程序等知识点的讲解,使学生具备能够计算安装工程综合单价及安装工程总造价的技能。

教学目标

知识目标	能力目标	素质目标
1. 理解综合单价的组成及计算方法 2. 理解工程造价的组成、含义及各种费用的计算方法 3. 理解安装工程计价程序 4. 熟悉安装工程计价定额的内容及使用方法	1. 能够熟练计算综合单价及各项费用 2. 能够熟练使用计价程序计算安装工程总造价 3. 能够熟练使用安装工程计价定额 4. 具备探究学习、分析问题和解决问题的能力	1. 遵循专业规范、标准,能在工程实践中严格贯彻执行 2. 培养认真严谨的职业素质 3. 培养敬业、精益、专注、创新的建筑安装工匠精神 4. 培养团结协作的团队精神

任务 5.1 熟悉工程造价的组成及计价程序

1. 建设工程费用的组成

采用工程量清单计价,建设工程造价由分部分项工程费、措施项目费、其他项目费、规费和税金组成。

1) 分部分项工程费

分部分项工程费是指各专业工程的分部分项工程应予列支的各项费用,由人工费、材料费、施工机具使用费、企业管理费和利润构成。

(1) 人工费。人工费是指按工资总额构成规定,支付给从事建筑安装工程施工的生产工人和附属生产单位工人的各项费用。内容包括计时工资或计件工资、奖金、津贴补贴、加班加点工资、特殊情况下支付的工资。

（2）材料费。材料费是指施工过程中耗费的原材料、辅助材料、构配件、零件、半成品或成品、工程设备的费用，内容包括以下几项。

① 材料原价：指材料、工程设备的出厂价格或商家供应价格。

② 运杂费：指材料、工程设备自来源地运至工地仓库或指定堆放地点所发生的全部费用。

③ 运输损耗费：指材料在运输装卸过程中不可避免的损耗。

④ 采购及保管费：指为组织采购、供应和保管材料以及工程设备的过程中所需要的各项费用。包括采购费、仓储费、工地保管费、仓储损耗。

工程设备是指房屋建筑及其配套的构成或计划构成永久工程一部分的机电设备、金属结构设备、仪器装置等建筑设备。明确由建设单位提供的建筑设备，其设备费用不作为计取税金的基数。

（3）施工机具使用费。施工机具使用费是指施工作业中所发生的施工机械、仪器仪表使用费或租赁费。包括以下内容。

① 施工机械使用费：以施工机械台班耗用量乘以施工机械台班单价表示，施工机械台班单价应由折旧费、大修理费、经常修理费、安拆费、场外运费、人工费、燃料动力费及税费七项费用组成。

② 仪器仪表使用费：指工程施工所需使用的仪器仪表的摊销及维修费用。

（4）企业管理费。企业管理费是指施工企业组织施工生产和经营管理所需的费用。内容包括管理人员工资、办公费、差旅交通费、固定资产使用费、工具用具、劳动保险和职工福利费、劳动保护费、工会经费、职工教育经费、财产保险费、财务费、税金、意外伤害保险费、工程定位复测费、检验试验费、企业技术研发费、其他费用等。

（5）利润。利润是指施工企业完成所承包工程获得的盈利。

（6）综合单价。分部分项工程量清单应采用综合单价计价。综合单价是指完成一个规定清单项目所需的人工费、材料和工程设备费、施工机具使用费和企业管理费、利润，以及一定范围内的风险费用。

计算公式为

$$综合单价 = 清单项目施工费用 \div 清单工程量$$

其中：

$$清单项目施工费用 = 人工费 + 材料和工程设备费 + 施工机具使用费 + 企业管理费 + 利润 + 风险费$$

$$人工费 / 材料费 / 机械费 = 工程量 \times （人 / 材 / 机）单价$$

$$企业管理费 = 计算基础 \times 管理费费率$$

$$利润 = 计算基础 \times 利润率$$

2）措施项目费

措施项目费是指为完成建设工程施工，发生在该工程施工前和施工过程中的技术、生活、安全、环境保护等方面的费用。

根据现行工程量清单计算规范，措施项目费分为单价措施项目与总价措施项目。

　　单价措施项目是指在现行工程量清单计算规范中有对应工程量计算规则,并按人工费、材料费、施工机具使用费、企业管理费和利润形式组成综合单价的措施项目。单价措施项目根据专业不同,安装专业单价措施项目分别为:吊装加固;金属抱杆安装、拆除、移位;平台铺设、拆除;顶升、提升装置安装、拆除;大型设备专用机具安装、拆除;焊接工艺评定;胎(模)具制作、安装、拆除;防护棚制作安装拆除;特殊地区施工增加;安装与生产同时进行施工增加;在有害身体健康的环境中施工增加;工程系统检测、检验;设备、管道施工的安全、防冻和焊接保护;焦炉烘炉、热态工程;管道安拆后的充气保护;隧道内施工的通风、供水、供气、供电、照明及通信设施;脚手架搭拆;高层施工增加;其他措施(工业炉烘炉、设备负荷试运转、联合试运转、生产准备试运转及安装工程设备场外运输);大型机械设备进出场及安拆。

　　单价措施项目中各措施项目的工程量清单项目设置、项目特征、计量单位、工程量计算规则及工作内容均按现行工程量清单计算规范执行。

　　总价措施项目是指在现行工程量清单计算规范中无工程量计算规则,以总价(或计算基础×费率)计算的措施项目。其中各专业都可能发生的通用的总价措施项目如下。

　　(1) 安全文明施工:为满足施工安全、文明、绿色施工以及环境保护、职工健康生活所需要的各项费用。本项为不可竞争费用。

　　① 环境保护包含范围:现场施工机械设备降低噪声、防扰民措施费用;水泥和其他易飞扬细颗粒建筑材料密闭存放或采取覆盖措施等费用;工程防扬尘洒水费用;土石方、建渣外运车辆冲洗、防洒漏等费用;现场污染源的控制、生活垃圾清理外运、场地排水排污措施的费用;其他环境保护措施费用。

　　② 文明施工包含范围:"五牌一图"的费用;现场围挡的墙面美化(包括内外粉刷、刷白、标语等)、压顶装饰费用;现场厕所便槽刷白、贴面砖,水泥砂浆地面或地砖费用,建筑物内临时便溺设施费用;其他施工现场临时设施的装饰装修、美化措施费用;现场生活卫生设施费用;符合卫生要求的饮水设备、淋浴、消毒等设施费用;生活用洁净燃料费用;防煤气中毒、防蚊虫叮咬等措施费用;施工现场操作场地的硬化费用;现场绿化费用、治安综合治理费用、现场电子监控设备费用;现场配备医药保健器材、物品费用和急救人员培训费用;用于现场工人的防暑降温费,电风扇、空调等设备及用电费用;其他文明施工措施费用。

　　③ 安全施工包含范围:安全资料、特殊作业专项方案的编制,安全施工标志的购置及安全宣传的费用;"三宝"(安全帽、安全带、安全网)、"四口"(楼梯口、电梯井口、通道口、预留洞口)、"五临边"(阳台围边、楼板围边、屋面围边、槽坑围边、卸料平台两侧),水平防护架、垂直防护架、外架封闭等防护的费用;施工安全用电的费用,包括配电箱三级配电、两级保护装置要求、外电防护措施;起重机、塔吊等起重设备(含井架、门架)及外用电梯的安全防护措施(含警示标志)费用及卸料平台的临边防护、层间安全门、防护棚等设施费用;建筑工地起重机械的检验检测费用;施工机具防护棚及其围栏的安全保护设施费用;施工安全防护通道的费用;工人的安全防护用品、用具购置费用;消防设施与消防器材的配置费用;电气保护、安全照明设施费;其他安全防护措施费用。

　　④ 绿色施工包含范围:建筑垃圾分类收集及回收利用费用;夜间焊接作业及大型照明灯具的挡光措施费用;施工现场办公区、生活区使用节水器具及节能灯具增加费用;施工现

场基坑降水储存使用、雨水收集系统、冲洗设备用水回收利用设施增加费用;施工现场生活区厕所化粪池、厨房隔油池设置及清理费用;从事有毒、有害、有刺激性气味和强光、噪声施工人员的防护器具;现场危险设备、地段、有毒物品存放的安全标识和防护措施;厕所、卫生设施、排水沟、阴暗潮湿地带定期消毒费用;保障现场施工人员劳动强度和工作时间符合国家标准《体力劳动强度等级要求》(GB 3869—1997)的增加费用等。

(2) 夜间施工:规范、规程要求正常作业而发生的夜班补助、夜间施工降效、夜间照明设施的安拆、摊销、照明用电以及夜间施工现场交通标志、安全标牌、警示灯安拆等费用。

(3) 二次搬运:由于施工场地限制而发生的材料、成品、半成品等一次运输不能到达堆放地点,必须进行二次或多次搬运的费用。

(4) 冬雨季施工:在冬雨季施工期间所增加的费用。包括冬季作业、临时取暖、建筑物门窗洞口封闭及防雨措施、排水、工效降低、防冻等费用。不包括设计要求混凝土内添加防冻剂的费用。

(5) 地上、地下设施、建筑物的临时保护设施:在工程施工过程中,对已建成的地上、地下设施和建筑物进行的遮盖、封闭、隔离等必要保护措施。在园林绿化工程中,还包括对已有植物的保护。

(6) 已完工程及设备保护费:对已完工程及设备采取的覆盖、包裹、封闭、隔离等必要保护措施所发生的费用。

(7) 临时设施费:施工企业为进行工程施工所必需的生活和生产用的临时建筑物、构筑物和其他临时设施的搭设、使用、拆除等费用。

(8) 赶工措施费:在现行工期定额滞后的情况下,施工合同约定工期比江苏省现行工期定额提前超过30%,施工企业为缩短工期所发生的费用。如施工过程中,发包人要求实际工期比合同工期提前时,由发承包双方另行约定。

(9) 工程按质论价:施工合同约定质量标准超过国家规定,施工企业完成工程质量达到经有权部门鉴定或评定为优质工程所必须增加的施工成本费。

(10) 特殊条件下施工增加费:因地下不明障碍物及铁路、航空、航运等交通干扰而发生的施工降效费用。

总价措施项目中,除通用措施项目外,安装工程专业措施项目如下。

① 非夜间施工照明:为保证工程施工正常进行,在如地下(暗)室、设备及大口径管道内等特殊施工部位施工时所采用的照明设备的安拆、维护及照明用电、通风等;在地下(暗)室等施工引起的人工工效降低以及由于人工工效降低引起的机械降效。

② 住宅工程分户验收:按江苏省《住宅工程质量分户验收规程》(DGJ32/TJ 103—2010)的要求对住宅工程安装项目进行专门验收发生的费用。

3) 其他项目费

(1) 暂列金额:建设单位在工程量清单中暂定并包括在工程合同价款中的一笔款项。用于施工合同签订时尚未确定或者不可预见的所需材料、工程设备、服务的采购,施工中可能发生的工程变更、合同约定调整因素出现时的工程价款调整以及发生的索赔、现场签证确认等的费用。由建设单位根据工程特点,按有关计价规定估算;施工过程中由建设单位掌握使用,扣除合同价款调整后如有余额,归建设单位。

（2）暂估价：建设单位在工程量清单中提供的用于支付必然发生但暂时不能确定价格的材料的单价以及专业工程的金额。包括材料暂估价和专业工程暂估价。材料暂估价在清单综合单价中考虑，不计入暂估价汇总。

（3）计日工：指在施工过程中，施工企业完成建设单位提出的施工图纸以外的零星项目或工作所需的费用。

（4）总承包服务费：指总承包人为配合、协调建设单位进行的专业工程发包，对建设单位自行采购的材料、工程设备等进行保管以及施工现场管理、竣工资料汇总整理等服务所需的费用。总承包服务范围由建设单位在招标文件中明示，并且发承包双方应在施工合同中约定。

4）规费

规费是指有权部门规定必须缴纳的费用，包括以下几项。

（1）工程排污费：包括废气、污水、固体、扬尘及危险废物和噪声排污费等内容。

（2）社会保险费：企业应为职工缴纳的养老保险、医疗保险、失业保险、工伤保险和生育保险等五项社会保障方面的费用。为确保施工企业各类从业人员社会保障权益落到实处，省、市有关部门可根据实际情况制定管理办法。

（3）住房公积金：企业应为职工缴纳的住房公积金。

5）税金

税金是指国家税法规定的应计入建筑安装工程造价内的营业税、城市维护建设税、教育费附加及地方教育附加。

（1）营业税：指以产品销售或劳务取得的营业额为对象的税种。

（2）城市建设维护税：为加强城市公共事业和公共设施的维护建设而开征的税，它以附加形式依附于营业税。

（3）教育费附加及地方教育附加：为发展地方教育事业，扩大教育经费来源而征收的税种。它以营业税的税额为计征基数。

2. 安装工程费用的计算

1）安装工程类别的划分

安装工程类别的划分见表 5-1 及表 5-2。

表 5-1 安装工程类别划分表

一 类 工 程

1. 10kV 变配电装置。

2. 10kV 电缆敷设工程或实物量在 5km 以上的单独 6kV（含 6kV）电缆敷设分项工程。

3. 锅炉单炉蒸发量在 10t/h（含 10t/h）以上的锅炉安装及其配套的设备、管道、电气工程。

4. 建筑物使用空调面积在 15000m² 以上的单独中央空调分项安装工程。

5. 建筑物使用通风面积在 15000m² 以上的通风工程。

6. 运行速度在 1.75m/s 以上的单独自动电梯分项安装工程。

7. 建筑面积在 15000m² 以上的建筑智能化系统设备安装工程和消防工程。

8. 24 层以上的水电安装工程。

9. 工业安装工程一类项目（表 5-2）

二 类 工 程

1. 除一类范围以外的变配电装置和 10kV 以内架空线路工程。
2. 除一类范围以外且在 400V 以上的电缆敷设工程。
3. 除一类范围以外的各类工业设备安装、车间工艺设备安装及其配套的管道、电气工程。
4. 锅炉单炉蒸发量在 10t/h 以内的锅炉安装及其配套的设备、管道、电气工程。
5. 建筑物使用空调面积在 15000m² 以内,5000m² 以上的单独中央空调分项安装工程。
6. 建筑物使用通风面积在 15000m² 以内,5000m² 以上的通风工程。
7. 除一类范围以外的单独自动扶梯、自动或半自动电梯分项安装工程。
8. 除一类范围以外的建筑智能化系统设备安装工程和消防工程。
9. 8 层以上或建筑面积在 10000m² 以上建筑的水电安装工程

三 类 工 程

除一、二类范围以外的其他各类安装工程

表 5-2　工业安装工程一类工程项目表

1. 洁净要求不小于一万级的单位工程。
2. 焊口有探伤要求的工艺管道、热力管道、煤气管道、供水(含循环水)管道等工程。
3. 易燃、易爆、有毒、有害介质管道工程[《职业性接触毒物危害程度分级》(GB 5044—1985)]。
4. 防爆电气、仪表安装工程。
5. 各种类气罐、不锈钢及有色金属贮罐。碳钢贮罐容积单只≥1000m³。
6. 压力容器制作安装。
7. 设备单重≥10t/台或设备本体高度≥10m。
8. 起重运输设备。
　① 双梁桥式起重机:起重量≥50/10t 或轨距≥21.5m 或轨道高度≥15m。
　② 龙门式起重机:起重量≥20t。
　③ 皮带运输机:宽度≥650mm,斜度≥10°;宽度≥650mm,总长度≥50m;宽度≥1000mm。
9. 锻压设备。
　① 机械压力:压力≥250t。
　② 液压机:压力≥315t。
　③ 自动锻压机:压力≥5t。
10. 塔类设备安装工程。
11. 炉窑类。
　① 回转窑:直径≥1.5m。
　② 各类含有毒气体炉窑。
12. 总实物量超过 50m³ 的炉窑砌筑工程。
13. 专业电气调试(电压等级在 500V 以上)与工业自动化仪表调试。
14. 公共安装工程中的煤气发生炉、液化站、制氧站及其配套的设备、管道、电气工程

在确定安装工程类别时,需要注意以下几点。
(1) 安装工程以分项工程确定工程类别。
(2) 在一个单位工程中有几种不同类别的组成,应分别确定工程类别。
(3) 改建、装修工程中的安装工程参照相应标准确定工程类别。

（4）多栋建筑物下有连通的地下室或单独地下室工程，地下室部分水电安装按二类标准取费，如地下室建筑面积≥10000m²，则地下室部分水电安装按一类标准取费。

（5）楼宇亮化、室外泛光照明工程按照安装工程三类取费。

（6）表5-1中未包括的特殊工程，如影剧院、体育馆等，由当地工程造价管理机构根据工程实际情况予以核定，并报上级造价管理机构备案。

2）安装工程企业管理费和利润的计取

安装工程企业管理费及利润取费标准见表5-3。

表5-3　安装工程企业管理费及利润取费表

序号	项目名称	计算基础	企业管理费率/%			利润率/%
一	安装工程	人工费	一类工程	二类工程	三类工程	14
			48	44	40	

3）措施项目费取费标准及规定

（1）单价措施项目以清单工程量×综合单价计算。综合单价按照各专业计价定额中的规定，依据设计图纸和经建设方认可的施工方案进行组价。

（2）总价措施项目中部分以费率计算的措施项目费率标准见表5-4，安全文明施工费措施费率标准见表5-5，其他总价措施项目按项计取，按实际或可能发生的费用进行计算。

（3）在计取非夜间施工照明费时，建筑工程、仿古建筑工程、修缮土建部分仅地下室（地宫）部分可计取，单独装饰、安装工程、园林绿化工程、修缮安装部分仅特殊施工部位内施工项目可计取。

表5-4　措施项目费取费标准表

项　目	计算基础	各专业工程费率/%							
		建筑工程	单独装饰	安装工程	市政工程	修缮土建（修缮安装）	仿古建筑工程（园林绿化工程）	城市轨道交通	
								土建轨道	安装
夜间施工	分部分项工程费＋单价措施项目费－工程设备费	0～0.1	0～0.1	0～0.1	0.05～0.15	0～0.1	0～0.1	0～0.15	
非夜间施工照明		0.2	0.2	0.3	—	0.2（0.3）	0.3		
冬雨季施工		0.05～0.2	0.05～0.1	0.05～0.1	0.1～0.3	0.05～0.2	0.05～0.2	0～0.1	
已完工程及设备保护		0～0.05	0～0.1	0～0.05	0～0.02	0～0.05	0～0.1	0～0.02	0～0.05
临时设施		1～2.3	0.3～1.3	0.6～1.6	1.1～2.2	1.1～2.1（0.6～1.6）	1.6～2.7（0.3～0.8）	0.5～1.6	
赶工措施		0.5～2.1	0.5～2.2	0.5～2.1	0.5～2.2	0.5～2.1	0.5～2.1	0.4～1.3	
按质论价		1～3.1	1.1～3.2	1.1～3.2	0.9～2.7	1.1～2.1	1.1～2.7	0.5～1.3	
住宅分户验收		0.4	0.1	0.1	—	—			

表 5-5　安全文明施工措施费取费标准表

序号	工程名称		计费基础	基本费率/%	省级标化增加费/%
一	建筑工程	建筑工程		3.1	0.7
		单独构件吊装		1.6	—
		打预制桩/制作兼打桩		1.5/1.8	0.3/0.4
二	单独装饰工程			1.7	0.4
三	安装工程			1.5	0.3
四	市政工程	通用项目、道路、排水工程	分部分项工程费＋单价措施项目费－除税工程设备费	1.5	0.4
		桥涵、隧道、水工构筑物		2.2	0.5
		给水、燃气与集中供热		1.2	0.3
		路灯及交通设施工程		1.2	0.3
五	仿古建筑工程			2.7	0.5
六	园林绿化工程			1.0	—
七	修缮工程			1.5	—
八	城市轨道交通工程	土建工程		1.9	0.4
		轨道工程		1.3	0.2
		安装工程		1.4	0.3
九	大型土石方工程			1.5	—

4）其他项目费取费标准及规定

(1) 暂列金额、暂估价按发包人给定的标准计取。

(2) 计日工由发承包双方在合同中约定。

(3) 总承包服务费：应根据招标文件列出的内容及向总承包人提出的要求，参照下列标准计算。

① 建设单位仅要求对分包的专业工程进行总承包管理和协调时，按分包的专业工程估算造价的1%计算。

② 建设单位要求对分包的专业工程进行总承包管理和协调，并同时要求提供配合服务时，根据招标文件中列出的配合服务内容和提出的要求，按分包的专业工程估算造价的2%～3%计算。

5）规费取费标准及有关规定

(1) 工程排污费：按工程所在地环境保护等部门规定的标准缴纳，按实际计取列入。

(2) 社会保险费及住房公积金按表5-6标准计取。

(3) 社会保险费费率和公积金费率将随社保部门的要求和建设工程实际缴纳费率的提高适时调整。点工和包工不包料的社会保险费和公积金已经包含在人工工资单价中。

表 5-6　社会保险费及住房公积金取费标准表

序号	工程类别		计算基础	社会保险费率/%	公积金费率/%
一	建筑工程	建筑工程	分部分项工程费＋措施项目费＋其他项目费－除税工程设备费	3.2	0.53
		单独预制构件制作、单独构件吊装、打预制桩、制作兼打桩		1.3	0.24
		人工挖孔桩		3	0.53
二	单独装饰工程			2.4	0.42
三	安装工程			2.4	0.42
四	市政工程	通用项目、道路、排水工程		2.0	0.34
		桥涵、隧道、水工构筑物		2.7	0.47
		给水、燃气与集中供热、路灯及交通设施工程		2.1	0.37
五	仿古建筑工程与园林绿化工程			3.3	0.55
六	修缮工程			3.8	0.67
七	单独加固工程			3.4	0.61
八	城市轨道交通工程	土建工程		2.7	0.47
		隧道工程(盾构法)		2.0	0.33
		轨道工程		2.4	0.38
		安装工程		2.4	0.42
九	大型土石方工程			1.3	0.24

6) 税金计算标准及有关规定

税金以除税工程造价为计取基础,费率为 9%。

3. 安装工程造价计价程序

(1) 根据住房和城乡建设部办公厅《关于做好建筑业营改增建设工程计价依据调整准备工作的通知》(建办标〔2016〕4 号)规定的计价依据调整要求,营改增后,采用一般计税方法的建设工程费用组成中的分部分项工程费、措施项目费、其他项目费、规费中均不包含增值税可抵扣进项税额。

(2) 企业管理费组成内容中增加附加税,即国家税法规定的应计入建筑安装工程造价内的城市建设维护税、教育费附加及地方教育附加。

(3) 甲供材料和甲供设备费用应在计取现场保管费后,在税前扣除。

(4) 税金定义及包含内容调整为:税金是指根据建筑服务销售价格,按规定税率计算的增值税销项税额。

(5) 工程量清单法计算程序见表 5-7。

表 5-7   工程量清单法计算程序(包工包料)

序号	费用名称		计算公式
一	分部分项工程费		清单工程量×除税综合单价
	其中	1. 人工费	人工消耗量×人工单价
		2. 材料费	材料消耗量×除税材料单价
		3. 施工机具使用费	机械消耗量×除税机械单价
		4. 管理费	(1+3)×费率或(1)×费率
		5. 利润	(1+3)×费率或(1)×费率
二	措施项目费		
	其中	单价措施项目费	清单工程量×除税综合单价
		总价措施项目费	(分部分项工程费+单价措施项目费-除税工程设备费)×费率或以项计费
三	其他项目费		
四	规费		
	其中	1. 工程排污费	(一+二+三-除税工程设备费)×费率
		2. 社会保险费	
		3. 住房公积金	
五	税金		[一+二+三+四-(除税甲供材料费+除税甲供设备费)÷1.01]×费率
六	工程造价		一+二+三+四-(除税甲供材料费+除税甲供设备费)÷1.01+五

任务 5.2   熟悉安装工程计价定额

《江苏省安装工程计价定额》(2014 年版)共分十一册,每一册的组成包括本册说明、各章节说明、定额项目表和附注。在使用计价定额时应充分结合各册、章的说明,工程量计算规则以及定额项目表中的工作内容及表下的附注(除工程量计算规则外,其他内容详见各册《江苏省安装工程计价定额》)。下面以第十册《给排水、采暖、燃气工程》为例介绍计价定额的组成及内容。

1. 江苏省安装工程计价表总说明

(1)《江苏省安装工程计价定额》共分十一册,包括以下内容。

第一册《机械设备安装工程》;

第二册《热力设备安装工程》;

第三册《静置设备与工艺金属结构制作安装工程》;

第四册《电气设备安装工程》;

第五册《建筑智能化工程》；

第六册《自动化控制仪表安装工程》；

第七册《通风空调工程》；

第八册《工业管道工程》；

第九册《消防工程》；

第十册《给排水、采暖、燃气工程》；

第十一册《刷油、防腐蚀、绝热工程》。

（2）《江苏省安装工程计价定额》（以下简称本计价表）是完成规定计量单位分项工程计价所需的人工、材料、施工机械台班的消耗量标准，是安装工程预算工程量计算规则、项目划分、计量单位的依据；是编制设计概算、施工图预算、招标控制价（标底）、确定工程造价的依据；也是编制概算定额、概算指标、投资估算指标的基础；也可作为制订企业定额和投标报价的基础。本定额计价单位为元，默认尺寸单位为毫米（mm）。

（3）本定额是依据现行有关国家的产品标准、设计规范、计价规范、计算规范、施工及验收规范、技术操作规程、质量评定标准和安全操作规程编制的，也参考了行业、地方标准，以及有代表性的工程设计、施工资料和其他资料。

（4）本定额是按照目前国内大多数施工企业采用的施工方法、机械化装备程度、合理的工期、施工工艺和劳动组织条件制订的，除各章另有说明外，均不得因上述因素有差异而对定额进行调整或换算。

（5）本计价表是按下列正常的施工条件进行编制的。

① 设备、材料、成品、半成品、构件完整无损、符合质量标准和设计要求，附有合格证书和试验记录。

② 工程和土建工程之间的交叉作业正常。

③ 安装地点、建筑物、设备基础、预留孔洞等均符合安装要求。

④ 水、电供应均满足安装施工正常使用。

⑤ 正常的气候、地理条件和施工环境。

（6）定额中的人工工日不分列工种和技术等级，一律以综合工日表示，内容包括基本用工、超运距用工和人工幅度差。一类工每工日77元，二类工每工日74元，三类工每工日69元。

（7）材料消耗量的确定。

① 本定额中的材料消耗量包括直接消耗在安装工作内容中的主要材料、辅助材料和零星材料等，并计入相应损耗，其内容和范围包括：从工地仓库、现场集中堆放地点或现场加工地点到操作或安装地点的运输损耗、施工操作损耗、施工现场堆放损耗。

② 凡本定额内未注明单价的材料均为主材，基价中不包括其价格，应根据括号内所列的用量，按相应的材料预算价格计算。

③ 用量很少，对计价影响较小的零星材料合并为其他材料费，计入材料费内。

④ 施工措施性消耗部分、周转性材料按不同施工方法和不同材质分别列出一次使用量和一次摊销量。

⑤ 材料单价采用南京市2013年下半年材料预算价格。

⑥ 主要材料损耗率见各册附录。

(8) 施工机械台班消耗量的确定。

① 本定额的机械台班消耗是按正常合理的机械配备和大多数施工企业的机械化装备程度综合取定的。

② 凡单位价值在 2000 元以内,使用年限在两年以内的不构成固定资产的工具、用具等未进入定额,已在费用定额中考虑。

③ 本定额的机械台班单价按《江苏省施工机械台班 2007 年单价表》取定,其中:人工工资单价 82 元/工日;汽油 10.64 元/升;柴油 9.03 元/升;煤 1.1 元/kg;电 0.89 元/(kW·h);水 4.70 元/m³。

(9) 施工仪器仪表台班消耗量的确定。

① 本定额的施工仪器仪表消耗量是按大多数施工企业的现场校验仪器仪表配备情况综合取定的。

② 凡单位价值在 2000 元以内,使用年限在两年以内的、不构成固定资产的施工仪器仪表等未进入定额,已在管理费中考虑。

③ 施工仪器仪表台班单价是按 2000 年建设部颁发的《全国统一安装工程施工仪器仪表台班费用定额》计算的。

(10) 关于水平和垂直运输。

① 设备:包括自安装现场指定堆放地点运至安装地点的水平和垂直运输。

② 材料、成品、半成品:包括自施工单位现场仓库或现场指定堆放地点运至安装地点的水平和垂直运输。

③ 垂直运输基准面:室内以室内地平面为基准面,室外以安装现场地平面为基准面。

(11) 本计价表中注有"××内"或"××以下"者均包括"××"本身,"××以外"或"××以上"者则不包括"××"本身。

(12) 本定额的计量单位、工程计量每一项目汇总的有效位数应遵守《通用安装工程工程量计算规范》(GB 50856—2013)的规定。

(13) 本说明未尽事宜,详见各册和各章说明。

2. 第十册《给排水、采暖、燃气工程》(册说明)

(1) 第十册《给排水、采暖、燃气工程》(以下简称本定额)适用于新建、扩建项目中的生活用给水、排水、采暖热源管道以及附件配件安装,小型容器制作安装。

(2) 本定额主要依据的标准、规范。

(3) 以下内容执行其他册相应定额。

① 工业管道、生产生活共用的管道、锅炉房和泵类配管以及高层建筑物内加压泵间的管道执行第八册《工业管道工程》相应项目。

② 刷油、防腐蚀、绝热工程执行第十一册《刷油、防腐蚀、绝热工程》相应项目。

(4) 安装(施工)的设计规格与定额子目规格不符时,使用接近规格的项目;规格居中时按大者套;超过本定额最大规格时可作补充定额。本条说明适用于第十册定额的其他各章节。

（5）关于下列各项费用的规定。

① 脚手架搭拆费按人工的 5% 计算，其中人工工资占 25%。

② 高层建筑增加费（指高度在 6 层或 20m 以上的工业与民用建筑）按表 5-8 计算。

表 5-8　高层建筑增加费表

层　数	9 层以下（30m）	12 层以下（40m）	15 层以下（50m）	18 层以下（60m）	21 层以下（70m）	24 层以下（80m）	27 层以下（90m）	30 层以下（100m）	33 层以下（110m）
按人工费的百分比/%	12	17	22	27	31	35	40	44	48
其中人工工资占比/%	17	18	18	22	26	29	33	36	40
机械费占比/%	83	82	82	78	74	71	68	64	60
层　数	36 层以下（120m）	40 层以下（130m）	42 层以下（140m）	45 层以下（150m）	48 层以下（160m）	51 层以下（170m）	54 层以下（180m）	57 层以下（190m）	60 层以下（200m）
按人工费的百分比/%	53	58	61	65	68	70	72	73	75
其中人工工资占比/%	42	43	46	48	50	52	56	59	61
机械费占比/%	58	57	54	52	50	48	44	41	39

③ 超高增加费：定额中操作高度均以 3.6m 为界线，超过 3.6m 时其超过部分（指 3.6m 至操作物高度）的定额人工费乘以表 5-9 所列系数。

表 5-9　超高增加费系数表

标高±/m	3.6~8	3.6~12	3.6~16	3.6~20
超高系数	1.10	1.15	1.20	1.25

④ 采暖工程系统调整费按采暖工程人工费的 15% 计算，其中人工工资占 20%。

⑤ 空调水工程系统调试按空调水系统（扣除空调冷凝水系统）人工费的 13% 计算，其中人工工资占 25%。

⑥ 设置于管道间和管廊内的管道、阀门、法兰、支架安装，人工乘以系数 1.3。

⑦ 主体结构为现场浇注采用钢模施工的工程，内外浇注的人工乘以系数 1.05，内浇外砌的人工乘以 1.03。

3. 第十册第一章　管道安装（章说明）

1）适用范围

本章适用于室内外生活用给水、排水、雨水、采暖热源管道、低压燃气管道、室外直埋式预制保温管道的安装。

2）界线划分

（1）给水管道：室内外给水管道界线以建筑物外墙皮 1.5m 为界，入口处设阀门者以阀门为界；与市政管道界线以水表井为界，无水表井者以市政管道碰头点为界。

（2）排水管道：室内外管道以出户第一个排水检查井为界；室外管道与市政管道界线以室外管道与市政管道碰头点为界。

（3）采暖热源管道：室内外管道以入口阀门或建筑物外墙皮1.5m为界；与工业管道界线以锅炉房或泵站外墙皮1.5m为界；工厂车间内采暖管道以采暖系统与工业管道碰头点为界；设在高层建筑内的加压泵间管道与本章项目的界线，以泵间外墙皮为界。

（4）燃气管道：室内外管道分界，地下引入室内的管道以室内第一个阀门为界，地上引入室内的管道以墙外三通为界；室外管道与市政管道分界，以两者的碰头为界。

3）本章定额包括的工作内容

（1）场内搬运，检查清扫。

（2）管道及接头零件安装。

（3）水压试验或灌水试验；燃气管道的气压试验。

（4）室内DN32以内的钢管包括管卡及托钩的制作安装。

（5）钢管包括弯管的制作与安装（伸缩器除外），无论是现场煨制或成品弯管均不得换算。

（6）铸铁排水管。雨水管及塑料排水管（均包括管卡及托吊支架、臭气帽、雨水漏斗）的制作与安装。

4）本章定额不包括的工作内容

（1）室内外管道沟土方及管道基础。

（2）管道安装中不包括法兰、阀门及伸缩器的制作安装，按相应项目另行计算。

（3）室内外给水、雨水铸铁管包括接头零件所需的人工，但接头零件价格应另行计算。

（4）DN32以上的钢管支架安装按本册第二章定额另行计算。

（5）燃气管道的室外管道所有带气碰头。

4. 定额项目表

以镀锌钢管（螺纹连接）定额项目表5-10为例，包括某个定额的详细组成明细，同时还包括在项目表前的分项工程的工作内容说明、计量单位及表后附注，具体如下。

表5-10　镀锌钢管（螺纹连接）　　　　　　　　计量单位：m

定额编号			10-2		10-3	
项目	单位	单价	公称直径（mm以内）			
			20		25	
			数量	合价	数量	合价
综合单价	元		82.27		84.78	
其中 人工费	元		50.32		50.32	
材料费	元		5.29		7.25	
机械费	元		—		0.55	
管理费	元		19.62		19.62	
利润	元		7.04		7.04	
二类工	工日	74	0.68	50.32	0.68	50.32

续表

项　　　目		单位	单价	公称直径（mm 以内）			
				20		25	
				数量	合价	数量	合价
材料	14030315 热镀锌钢管 D20	m		(10.15)			
	14030319 热镀锌钢管 D25	m				(10.15)	
	15020322 室内镀锌钢管接头零件 D20	个	1.71	1.92	3.28		
	15020323 室内镀锌钢管接头零件 D25	个	2.60			1.92	4.99
	03652422 钢锯条	根	0.24	0.42	0.1	0.38	0.09
	03210408 尼龙砂轮片 φ400	片	10.10			0.01	0.10
	12050311 机油	kg	9.00	0.03	0.27	0.03	0.27
	11112524 厚漆	kg	10.00	0.02	0.20	0.02	0.20
	02290103 线麻	kg	12.00	0.002	0.02	0.002	0.02
	31150101 水	m³	4.70	0.06	0.28	0.08	0.38
	0270131 破布	kg	7.00	0.12	0.84	0.12	0.84

工作内容：切管、套丝、上零件、调直、管道安装、水压试验。

（1）工作内容：详细说明了本定额项目所包括的工作范围，是本项目表所包含内容的依据，说明中所表述的所有工序内容所发生的费用都已包括在本定额子目中。

（2）计量单位：表示定额项目表的综合单价所对应的工程数量单位，在定额套用过程中应特别注意。

（3）定额项目表组成：主要包括人工费、材料费、机械费、管理费和利润，是对综合单价的各个组成部分的详细分析，其中的管理费和利润按三类工程列入。安装工程的定额项目表的材料费中将主要材料单列，作为未计价主材，以括号形式单列，这是与建筑工程定额项目表的区别，即安装工程的主材料一般都不包括在定额项目表的综合单价中。

（4）表后附注：附注是对本定额项目表的补充说明，主要注明本项目表中未计入的一些主要材料，大部分定额项目表没有附注。

学习笔记

<h2 style="text-align:center">思考与练习题</h2>

1. 选择题

(1) 下列选项不属于分部分项工程费的是(　　)。

    A. 人工费　　　　B. 材料费　　　　C. 利润　　　　　　D. 规费

(2) 计日工是指在施工过程中完成发包人提出的(　　)的零星项目或工作所需的费用。

    A. 设计变更　　　　　　　　　　B. 现场签证

    C. 暂估工程量　　　　　　　　　D. 施工图纸以外

(3) 建筑安装工程费中税金不包括(　　)。

    A. 营业税　　　　　　　　　　　B. 城市建设维护税

    C. 教育费附加　　　　　　　　　D. 企业所得税

(4) 下列关于安装工程类别划分说法正确的是(　　)。

    A. 一个单位工程如由几个分部分项工程组成,其工程类别必须一致

    B. 如确定了工程类别为一类或二类工程,则必须对定额中的人工费和管理费进行调整

    C. 一类工程中的人工费必须调整为一类工工资

    D. 整栋建筑物下有连通的地下室面积为 8000m^2,地下室部分水电安装可按二类标准取费

(5) 下列关于工程费用取费标准说法正确的是(　　)。

    A. 安全文明施工措施费分基本费、考评费和奖励费三个部分

    B. 高层建筑增加费、超高费和脚手架搭拆费都属于单价措施项目费

    C. 建设单位要求总包施工单位对分包的专业工程进行总承包管理和协调,但不要求总包施工单位提供配合服务时,总包施工单位按分包的专业工程估算造价的1%计算总承包服务费

    D. 安装工程的社会保险费率和公积金费率分别为 0.38% 和 2.2%

(6) 安装一套单管荧光灯的人工费为 100 元,材料费(含主材)为 100 元,机械费为 10 元,按二类工程取费,则安装一套单管荧光灯的管理费为(　　)元。

    A. 48　　　　　B. 44　　　　　C. 40　　　　　D. 42

(7) 措施项目费不包括(　　)。

    A. 现场安全文明施工费　　　　　B. 临时设施费

    C. 工程排污费　　　　　　　　　D. 脚手架装拆费

(8) 为完成工程项目施工,发生在该工程施工前和施工过程中技术、生活、安全等方面的非工程实体项目称为(　　)。

    A. 措施项目　　　　　　　　　　B. 零星工作项目

    C. 分部分项工程项目　　　　　　D. 其他项目

(9) 下列费用中( )是不可竞争费。

    A. 人工费   B. 材料费   C. 利润   D. 规费

2. 简答题

(1) 什么是综合单价? 某工程签订合同后,做标书时发现某材料单价远远低于其成本价,并且在报价时没考虑公司利润,试分析在工程结算时可否增加计算工程利润,请说明理由。

(2) 什么是不可竞争费? 请结合安装工程计价程序分析哪些费用是不可竞争费。

(3) 安装工程总造价由哪几部分组成?

3. 计算题

（1）某9层综合楼的电气照明安装工程，电气配管项目分部分项工程合价为5000元，其中人工费为2000元（超过5m人工费为1000元），计算该工程的高层建筑增加费、超高增加费。

_____

_____

_____

_____

_____

_____

（2）请根据表5-11给出的分部分项工程量清单和表5-12所示的主要设备及材料价格表，根据《江苏省安装工程计价表》（2014年版）的有关规定，完成各分部分项工程量清单综合单价分析，填入表5-13～表5-18中。

教学视频：
综合单价的计算

表5-11　分部分项工程量清单

序号	项目编码	项目名称	项目特征描述	计量单位	工程量
1	030411001001	配管	镀锌钢管SC80，砖混凝土结构暗敷	m	4.386
2	030404017001	配电箱	动力配电箱AP安装，规格800×600×200，距地1.5m，无端子板外部接线9个，规格BV-2.5	台	1
3	030411004001	配线	管内穿线BV-2.5	m	340.766
4	030409005001	避雷网	避雷网采用－25×4镀锌扁钢沿混凝土块敷设，制作混凝土支墩10个	m	9.97
5	030702001001	碳钢通风管道	碳钢通风管道制作安装，矩形风管1600×500，采用镀锌钢板厚度$\delta=1.0$mm，咬口连接	m²	16.0314
6	031001006001	塑料管	室内，给水，PPR管De50，热熔，消毒冲洗并做水压试验，试验压力为1.0MPa	m	16.525

表5-12　主要设备及材料价格表

序号	材料名称	型号规格	单位	单价/元
1	镀锌钢管	SC80	m	55
2	动力配电箱	AP	台	1000
3	铜芯导线	BV-2.5	m	2
4	镀锌扁钢	－25×4	kg	6.8
5	镀锌薄钢板	$\delta=1.0$mm	kg	7.3
6	PPR给水管	De50	m	21

表 5-13 综合单价分析表（配管）

项目编码	030411001001	项目名称		计量单位		清单工程量		综合单价	

清单综合单价组成明细

序号	定额编号	定额名称	定额单位	数量	单 价					合 价				
					人工费	材料费	机械费	管理费	利润	人工费	材料费	机械费	管理费	利润
1														
2														
3														
小计														
合计														

表 5-14 综合单价分析表（配电箱）

项目编码	030404017001	项目名称		计量单位		清单工程量		综合单价	

清单综合单价组成明细

序号	定额编号	定额名称	定额单位	数量	单 价					合 价				
					人工费	材料费	机械费	管理费	利润	人工费	材料费	机械费	管理费	利润
1														
2														
3														
小计														
合计														

表 5-15　综合单价分析表（配线）

项目编码	030411004001	项目名称		计量单位	清单工程量	综合单价

清单综合单价组成明细

序号	定额编号	定额名称	定额单位	数量	单价					合价				
					人工费	材料费	机械费	管理费	利润	人工费	材料费	机械费	管理费	利润
1														
2														
3														
小计														
合计														

表 5-16　综合单价分析表（避雷网）

项目编码	030409005001	项目名称		计量单位	清单工程量	综合单价

清单综合单价组成明细

序号	定额编号	定额名称	定额单位	数量	单价					合价				
					人工费	材料费	机械费	管理费	利润	人工费	材料费	机械费	管理费	利润
1														
2														
3														
小计														
合计														

表 5-17 综合单价分析表（碳钢通风管道）

项目编码	030702001001	项目名称		计量单位		清单工程量			综合单价	
清单综合单价组成明细										
序号	定额编号	定额名称	定额单位	数量	单价					合价				
					人工费	材料费	机械费	管理费	利润	人工费	材料费	机械费	管理费	利润
1														
2														
3														
小计														
合计														

表 5-18 综合单价分析表（塑料管）

项目编码	031001006001	项目名称		计量单位		清单工程量			综合单价	
清单综合单价组成明细										
序号	定额编号	定额名称	定额单位	数量	单价					合价				
					人工费	材料费	机械费	管理费	利润	人工费	材料费	机械费	管理费	利润
1														
2														
3														
小计														
合计														

4. 综合分析题

请根据下面的工作内容,按照《建设工程工程量清单计价规范》(GB 50500—2013)及《通用安装工程工程量计算规范》(GB 50856—2013)和本地区的安装工程计价表,根据以下所给出的工作内容编制工程量清单,并计算分部分项工程量清单综合单价和分部分项工程费。

(1) 某物流中心在室外电缆沟(砖砌电缆沟宽600、钢筋混凝土盖板800×1000)内敷设铜芯电缆 NHYJV22-3×150+2×70 四根,该项目电缆沟长 30m,电缆清单工程量为120m,无电缆头制作安装。揭开盖板敷设电缆,电缆敷设完毕盖好盖板。

(2) 该物流中心仓库照明工程,顶棚距地坪5.5m,于顶棚嵌入式安装三管荧光灯(3×40W)60 套,每套灯具需制作、安装简易型钢(∠30×30×3)支吊架,支吊架重 3kg。相关管线、灯头盒不计。

(3) 主要材料价格见表 5-19。

(4) 管理费和利润按二类工程计算,人工费按当地最新人工单价计算。

(5) 工程量保留两位小数,其他数据也保留两位小数。

(6) 完成分部分项工程量清单与计价表 5-20 及对应的工程量清单综合单价分析表 5-21~表 5-23。

表 5-19　主要材料单价

序号	名称和规格	单位	单价/元	备注
1	耐火铜芯电缆 NHYJV22-3×150+2×70	m	420.00	暂估价
2	成套型嵌入式安装三管荧光灯(3×40W)	套	240.00	
3	型钢(综合)	kg	5.5	

表 5-20　分部分项工程量清单与计价表

序号	项目编码	项目名称	项目特征描述	计量单位	工程量	金额/元		
						综合单价	合价	其中:暂估价
1								
2								
3								
合　计								

表 5-21　工程量清单综合单价分析表 1

项目编码		项目名称					计量单位		清单工程量				综合单价
序号	定额编号	定额名称	数量	清单综合单价组成明细									
				单　价					合　价				
				人工费	材料费	机械费	管理费	利润	人工费	材料费	机械费	管理费	利润
小　计													
合　计													

表 5-22　工程量清单综合单价分析表 2

项目编码		项目名称					计量单位		清单工程量				综合单价
序号	定额编号	定额名称	数量	清单综合单价组成明细									
				单　价					合　价				
				人工费	材料费	机械费	管理费	利润	人工费	材料费	机械费	管理费	利润
小　计													
合　计													

表 5-23　工程量清单综合单价分析表 3

项目编码		项目名称		计量单位		清单工程量			综合单价	

清单综合单价组成明细

定额编号	定额名称	定额单位	数量	单　价					合　价				
				人工费	材料费	机械费	管理费	利润	人工费	材料费	机械费	管理费	利润

序号

1													
2													
3													
小　计													
合　计													

综 合 实 训

使用计价软件计算工程总造价。

根据项目4中已完成的电气工程工程量清单(表4-26)、防雷接地工程工程量清单(表4-27)、给排水工程工程量清单(表4-28)、通风工程工程量清单表(表4-29),使用一种工程计价软件计算其安装工程总造价,具体要求及说明如下。

(1) 工程类别:本工程按三类工程取费,管理费率40%,利润率14%。

(2) 措施项目费的计取:安全文明施工费基本费率1.5%,临时设施费率1.5%,其他措施费用自行确定。

(3) 规费的计取:工程排污费率0.1%,社会保障费率2.4%,住房公积金费率0.42%,税金按9%计取。

(4) 暂列金额按10000元计入,专业工程暂估价按5000元计入。

(5) 人工费按当地最新政策调整的人工单价计算。

(6) 主材价格按采用除税指导价,按当地最新信息指导价计入或者自行询价。

(7) 填写单位工程费用汇总表5-24,分部分项工程量清单计价表5-25,单价措施项目计价表5-26,总价措施项目清单与计价表5-27,其他项目清单与计价汇总表5-28,规费、税金项目计价表5-29。

表 5-24 单位工程费用汇总表

序号	项 目 内 容	金额	其中:暂估价
1	分部分项工程量清单		
1.1	人工费		
1.2	材料费		
1.3	施工机具使用费		
1.4	未计价材料费		
1.5	企业管理费		
1.6	利润		
2	措施项目		
2.1	单价措施项目费		
2.2	总价措施项目费		
2.2.1	安全文明施工费		
3	其他项目		
3.1	其中:暂列金额		

序号	项目内容	金额	其中:暂估价
3.2	其中:暂估价		
3.3	其中:计日工		
3.4	其中:总承包服务费		
4	规费		
5	税金		
6	工程总价＝1＋2＋3＋4－(甲供材料费＋甲供设备费)÷1.01＋5		

表 5-25 分部分项工程量清单计价表

序号	项目编码	项目名称	项目特征	计量单位	工程数量	综合单价	合价

序号	项目编码	项目名称	项 目 特 征	计量单位	工程数量	综合单价	合价

序号	项目编码	项目名称	项 目 特 征	计量单位	工程数量	综合单价	合价

续表

序号	项目编码	项目名称	项目特征	计量单位	工程数量	综合单价	合价

表 5-26　单价措施项目计价表

序号	项目编码	项目名称	计量单位	工程数量	金额		
					综合单价	合价	其中暂估价
合计							

表 5-27　总价措施项目清单与计价表

序号	项目编码	项目名称	计算基础	费率/%	金额/元
1	031302001001	安全文明施工			
	1.1	基本费	分部分项工程费＋单价措施项目费－工程设备费		
	1.2	省级标化增加费	分部分项工程费＋单价措施项目费－工程设备费		
2	031302002001	夜间施工	分部分项工程费＋单价措施项目费－工程设备费		
3	031302003001	非夜间施工	分部分项工程费＋单价措施项目费－工程设备费		
4	031302005001	冬雨季施工	分部分项工程费＋单价措施项目费－工程设备费		
5	031302006001	已完工程及设备保护	分部分项工程费＋单价措施项目费－工程设备费		

续表

序号	项目编码	项目名称	计算基础	费率/%	金额/元
6	031302008001	临时设施	分部分项工程费＋单价措施项目费－工程设备费		
7	031302009001	赶工措施	分部分项工程费＋单价措施项目费－工程设备费		
8	031302010001	工程按质论价	分部分项工程费＋单价措施项目费－工程设备费		
9	031302011001	住宅分户验收	分部分项工程费＋单价措施项目费－工程设备费		
		合　计			

表 5-28　其他项目清单与计价汇总表

序号	项目名称	金额/元	备注
1	暂列金额		
2	暂估价		
2.1	材料暂估价		
2.2	暂估价		
3	计日工		
4	总承包服务费		
	合　计		

表 5-29　规费、税金项目计价表

序号	项目名称	计算基础	计算基础数/元	计算费率/%	金额/元
1	规费	[1.1]＋[1.2]＋[1.3]			
1.1	社会保险费	分部分项工程费＋措施项目费＋其他项目费－工程设备费			
1.2	住房公积金	分部分项工程费＋措施项目费＋其他项目费－工程设备费			
1.3	工程排污费	分部分项工程费＋措施项目费＋其他项目费－工程设备费			
2	税金	分部分项工程费＋措施项目费＋其他项目费＋规费－（甲供材料费＋甲供设备费）÷1.01			
	合　计				

项目 6 编制火灾自动报警及联动系统工程造价

项目概述

本项目通过对火灾自动报警及联动系统的组成及原理、识读火灾自动报警及联动系统施工图、工程量计算规则、工程量清单设置及工程量清单计价等内容的讲解,使学生具备计算火灾自动报警及联动系统工程工程量并编制其工程造价的技能。

教学目标

知识目标	能力目标	素质目标
1. 理解火灾自动报警及联动系统组成及原理 2. 具备火灾自动报警及联动系统施工图识读的基本知识 3. 熟悉火灾自动报警及联动系统工程量计算规范及计算方法 4. 熟悉火灾自动报警及联动系统工程量清单的设置及工程量清单的基本知识	1. 具备识读火灾自动报警及联动系统工程图纸的能力 2. 具备运用工程量计算规则计算火灾自动报警及联动系统工程量的能力 3. 具备编制火灾自动报警及联动工程量清单及工程造价的能力 4. 具备自主学习、分析问题和解决问题的能力	1. 遵循国家专业规范和标准,能在工程实践中严格贯彻执行 2. 培养认真严谨的职业素质 3. 培养敬业、精益、专注、创新的建筑安装工匠精神 4. 培养团结协作的团队精神

任务 6.1　认识火灾自动报警系统

1. 火灾自动报警系统概述

消防报警及联动系统的主要功能是对火灾的发生进行早期的探测和自动报警,并能根据火情的位置,及时对建筑内的消防设备、配电、照明、广播以及电梯等装置进行联动控制,灭火、排烟、疏散人员,确保人员安全,最大限度地减少社会财富的损失。消防报警及联动系统的结构如图 6-1 所示。

2. 火灾探测器的类型

(1)感温式火灾探测器:感温式火灾探测器按其工作原理的不同分为定温式、差温式和差定温式三种类型。

教学视频:探测器

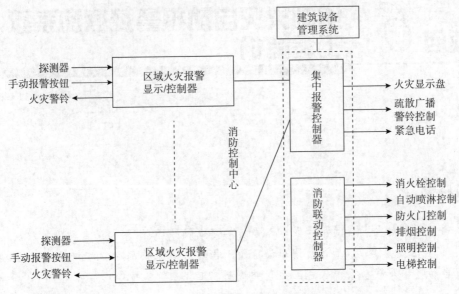

图 6-1　消防报警及联动系统的结构框图

（2）点型感烟探测器：对警戒范围中某一点周围的烟密度升高响应的火灾探测器。根据其工作原理不同，可分为离子感烟探测器和光电感烟探测器。

（3）红外光束探测器：将火灾的烟雾特征物理量对光束的影响转换成输出电信号的变化并立即发出报警信号的器件。由光束发生器和接收器两个独立部分组成。

（4）火焰探测器：将火灾的辐射光特征物理量转换成电信号，并立即发出报警信号的器件。常用的有红外线探测器和紫外线探测器。

（5）可燃气体探测器：对监视范围内泄漏的可燃气体达到一定浓度时发出报警信号的器件。常用的有催化型可燃气体探测器和半导体可燃气体探测器。

（6）复合式探测器：目前使用较多的复合式探测器有光电感温复合探测器和光电、感温、离子式复合探测器。

（7）新型火灾探测器：分为激光图像感烟火灾探测器、一氧化碳探测器、智能型火灾探测器和空气采样式感烟火灾探测报警器。

3. 火灾报警系统的线制

火灾报警系统按线制（探测器和控制器之间的传输线的线数）分为总线制和多线制两种类型。总线制系统结构的核心是采用数字脉冲信号巡检和数据压缩传输，通过收发码电路和微处理器实现火灾探测器与火灾报警控制器的协议通信和整个系统的监测控制。总线制是目前应用最广泛的一种方式。

4. 消防联动控制系统

消防联动控制系统是火灾自动报警系统的执行部件。消防控制中心接收火警信息后应能自动或手动启动相应的消防联动设备。典型的消防报警及联动系统中对消防设施的控制包括消火栓灭火控制、自动喷水灭火控制、气体自动灭火控制、防火门的控制、防火卷帘门的控制、排烟控制、正压送风控制、照明系统的联动控制和电梯管理等。

1) 消火栓灭火控制

消火栓灭火是建筑物中最基本和最常用的灭火方式。该系统由消防给水设备(包括给水管网、加压泵及阀门等)和电控部分(包括启泵按钮、消防中心启泵装置及消防控制柜等)组成。其中消防加压水泵是为了给消防水管加压,以使消火栓中的喷水枪具有相当的水压。消防中心对室内消火栓系统的监控内容包括控制消防水泵的启停、显示启泵按钮的位置和消防水泵的状态(工作/故障)。

2) 自动喷水灭火控制

常用的自动喷水灭火系统按喷水管内是否充水,分为湿式和干式两种。干式系统中喷水管网平时不充水,当火灾发生时,控制主机在收到火警信号后,立即开阀向管网系统内充水。湿式系统中管网平时即处于充水状态,当发生火灾时,着火场所温度迅速上升,当温度上升到一定值,闭式喷头温控件受热破碎,打开喷水口开始喷淋,此时安装在供水管道上的水流指示器动作(水流继电器的常开触点因水流动压力而闭合),消防中心控制室的喷淋报警控制装置接收到信号后,由报警箱发出声光报警,并显示喷淋报警部位。喷水后由于水压下降,使压力继电器动作,压力开关信号及消防控制主机在收到水流开关信号后发出的指令均可启动喷淋泵。目前这种充水的闭式喷淋水系统在高层建筑中获得广泛应用。

3) 气体自动灭火控制

气体自动灭火系统主要用于火灾时不宜用水灭火或有贵重设备的场所。比如配电室、计算机房、可燃气体及易燃液体仓库等。气体自动灭火控制过程如下:探测器探测到火情后,向控制器发出信号,联动控制器收到信号后通过灭火指令控制气体压力容器上的电磁阀,放出灭火气体灭火。

4) 防火门、防火卷帘门的控制

防火门平时处于开启状态,火灾时可通过自动或手动方式将其关闭。

防火卷帘门通常设置在建筑物中的防火分区通道口,可形成门帘式防火隔离。一般在电动防火卷帘两侧设专用的烟感及温感两种探测器、声光报警信号和手动控制按钮。火灾发生时,疏散通道上的防火卷帘根据感烟探测器的动作或消防控制中心发出的指令,先使卷帘自动下降一部分(按现行消防规范规定,当卷帘下降至距地 1.8m 处时,卷帘限位开关动作使卷帘自动停止),以让人疏散,延时一段时间(或通过现场感温探测器的动作信号或消防控制中心的第二次指令),启动卷帘控制装置,使卷帘下降到底,以达到控制火灾蔓延的目的。卷帘也可由现场手动控制。

用作防火分隔的防火卷帘,火灾探测器动作后,卷帘应下降到底;同时感烟、感温火灾探测器的报警信号及防火卷帘关闭信号应送至消防控制中心。

5) 排烟、正压送风系统控制

排烟、正压送风系统由排烟阀门、排烟风机、送风阀门以及送风机等组成。

排烟阀门一般设在排烟口处,平时处于关闭状态。当火警发生后,感烟探测器组成的控制电路在现场控制开启排烟阀门及送风阀门,排烟阀门及送风阀门动作后启动相关的排烟风机和送风机,同时关闭相关范围内的空调风机及其他送、排风机,以防止火灾的蔓延。

在排烟风机入口处装设有排烟防火阀,当排烟风机启动时,此阀门同时打开,进行排烟,当排烟风机温度达到 280℃时,装设在阀口上的温度熔断器动作,将阀门自动关闭,同时联锁关闭排烟风机。

6) 照明系统的联动控制

当火灾发生后,应切断正常照明系统,打开火灾应急照明。火灾应急照明包括备用照明、疏散照明和安全照明。

7) 电梯管理

消防电梯管理是指消防控制室对电梯特别是消防电梯的运行管理。对电梯的运行管理通常有两种方式:一种方式是在消防控制中心设置电梯控制显示盘,火灾时,消防人员可根据需要直接控制电梯;另一种方式是通过建筑物消防控制中心或电梯轿厢处的专用开关进行控制。火灾时,消防控制中心向电梯发出控制信号,强制电梯降至底层,并切断其电源。应急消防电梯除外,应急消防电梯只供给消防人员使用。

5. 常用专业术语

(1) 多线制:系统间信号按各自回路进行传输的布线制式。

(2) 总线制:系统间信号采用无极性两根线进行传输的布线制式。

(3) 单输出:可输出单个信号。

(4) 多输出:具有两次以上不同输出信号。

(5) ×点:指报警控制器所带报警器件或模块的数量,也指联动控制器所带联动设备的控制状态或控制模块的数量。

(6) ×路:信号回路数。

(7) 按钮:用手动方式发出火灾报警信号且可确认火灾的发生以及启动灭火装置的器件。

(8) 控制模块(接口):在总线制消防联动系统中用于现场消防设备与联动控制器间传递动作信号和动作命令的器件。

(9) 报警接口:在总线制消防联动系统中配接在探测器与报警控制器之间,向报警控制器传递火警信号的器件。

(10) 报警控制器:能为火灾探测器供电,接收、显示和传递火灾报警信号的报警装置。

(11) 联动控制器:能接收由报警控制器传递来的报警信号,并对自动消防等装置发出控制信号的装置。

(12) 报警联动一体机:既能为火灾探测器供电,接收、显示和传递火灾报警信号,又能对自动消防等装置发出控制信号的装置。

(13) 重复显示器:在多区域多楼层报警控制系统中,用于某区域某楼层接收探测器发出的火灾报警信号,显示报警探测器位置,发出声光警报信号的控制器。

(14) 声光报警装置:也称为火警声光报警器或火警声光讯响器,是一种以音响方式和闪光方式发出火灾报警信号的装置。

(15) 警铃:以音响方式发出火灾警报信号的装置。

(16) 远程控制器:可接收传送控制器发出的信号,对消防执行设备实行远距离控制的装置。

(17) 消防广播控制柜:在火灾报警系统中集播放音源、功率放大器、输入混合分配器等于一体,可实现对现场扬声器控制,发出火灾报警语音信号的装置。

（18）广播分配器：消防广播系统中对现场扬声器实现分区域控制的装置。

（19）电话交换机：可利用送、受话器和通信分机进行对讲、呼叫的装置。

（20）通信分机：安置于现场的消防专用电话分机。

（21）通信插孔：安置于现场的消防专用电话分机插孔。

（22）消防报警备用电源：能为消防报警设备提供直流电源的供电装置。

（23）消防系统调试：指一个单位工程的消防工程全系统安装完毕且连通，为检验其达到消防验收规范标准所进行的全系统的检测、调试和试验。

任务 6.2　识读火灾自动报警及联动系统施工图

一套完整的消防报警及联动系统施工图，主要由图纸目录、设计说明、系统图、平面图和相关设备的控制电路图等组成。

1. 常用图例符号

火灾自动报警及联动系统施工图绘制时一般都采用国家标准规定使用的图形符号，符号的名称和图例见表 6-1。

表 6-1　火灾自动报警及联动控制系统常用图形符号

序号	图形符号	名　　称	序号	图形符号	名　　称
1		火灾报警装置	14		手动报警按钮
2		火灾区域报警装置	15		带电话插孔的手动报警按钮
3		感温探测器	16	⊗	消火栓手动报警按钮
4		感烟探测器	17	SF	送风阀
5		感温感烟复合探测器	18	X	排烟阀
6		感光探测器	19	X	防火阀
7		可燃气体探测器	20	CRT	显示盘
8		并联感温探测器	21	I	输入模块
9		并联感烟探测器	22	C	控制模块
10		火灾警铃	23	SQ	双切换盒
11		火灾报警扬声器	24	JL	防火卷帘控制箱
12		报警电话	25	XFB	消防泵控制箱
13		电话插孔	26	PLB	喷淋泵控制箱

序号	图形符号	名　　称	序号	图形符号	名　　称
27	WYB	稳压泵控制箱	30	XFJ	新风机控制箱
28	KTJ	空调机控制箱	31	C○	排烟口
29	ZYF	正压风机控制箱	32	P○	防烟口

2. 火灾自动报警及联动系统图

火灾自动报警及联动系统图主要反映系统的组成和功能以及组成系统的各设备之间的连接关系等。系统的组成随被保护对象的分级不同,选用的报警设备不同,基本形式也有所不同。图 6-2 为由 JB-QG(T)-1501 火灾报警控制器和 HJ-1811 联动控制器组成的火灾自动报警及联动控制系统图。

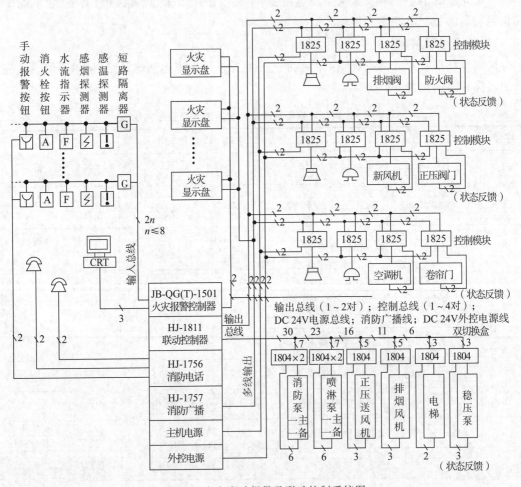

图 6-2　火灾自动报警及联动控制系统图

该系统由 JB-QG(T)-1501 型火灾报警控制器和 HJ-1811 型联动控制器组成。JB-QG(T)-1501 型火灾报警控制器是一种可进行现场编程的二总线制通用报警控制器,既可作区域报警控制器使用,又可作集中报警控制器使用。

联动控制系统中一对输出控制总线(即二总线制)可控制 32 台火灾显示屏(或远程控制器)内的继电器以达到每层消防联动设备的控制。

中央外控设备有喷淋泵、消防泵、电梯及排烟、送风机等。可以利用联动控制器内 16 对手动控制按钮手动控制上述集中设备(如消防泵、排烟风机等)。

图中的消防电话一般设置在手动报警按钮旁,只需将手提式电话机的插头插入电话插孔即可与总机(消防中心)通话。多门消防电话,分机可向总机报警,总机也可呼叫分机通话。

消防广播装置有联动控制器实施着火层及其上、下层三层的紧急广播的联动控制。当有背景音乐(与火灾事故广播兼用)的场所火警时,由联动控制器通过其执行件(控制模块或继电器盒)实现强制切换到火灾事故广播的状态。

3. 火灾自动报警及联动系统平面图

火灾自动报警及联动系统的平面图主要反映报警设备及联动设备的平面布置、线路的敷设等。图 6-3 为某大楼使用 JB-QG(T)-1501 火灾报警控制器和 HJ-1811 联动控制器构成的火灾自动报警及联动控制系统楼层平面布置图。

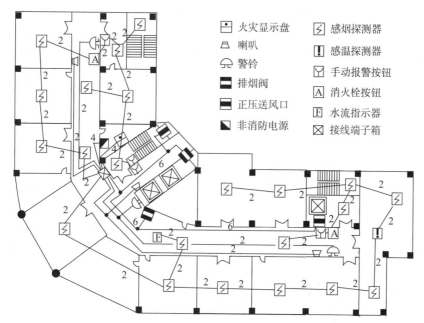

图 6-3 某大楼火灾自动报警及联动控制系统楼层平面布置图

图 6-3 平面图展示了感烟探测器、火灾显示盘、警铃、喇叭、非消防电源、水流指示器、正压送风口、排烟阀、消火栓按钮等的位置,安装配线比较方便。更重要的是,在熟悉系统图和平面图的基础上,还要全面熟悉联动设备的控制。

任务 6.3　熟悉消防工程工程量计算规则

1. 火灾自动报警系统

(1) 点型探测器包括火焰、烟感、温感、红外光束、可燃气体探测器等,按线制的不同分为多线制与总线制,不分规格、型号、安装方式与位置,以"个"为计量单位。探测器安装包括了探头和底座的安装及本体调试。

(2) 红外线探测器以"对"为计量单位,红外线探测器是成对使用的,在计算时一对为两只。定额中包括了探头支架安装和探测器的调试、对中。

(3) 火焰探测器、可燃气体探测器接线制的不同分为多线制与总线制两种,计算时不分规格、型号、安装方式与位置,以"个"为计量单位。探测器安装包括了探头和底座的安装及本体调试。

(4) 线形探测器的安装方式按环绕、正弦及直线综合考虑,不分线制及保护形式,以"m"为计量单位。定额中未包括探测器连接的一只模块和终端,其工程量应按相应定额另行计算。

(5) 按钮包括消火栓按钮、手动报警按钮、气体灭火起/停按钮,以"个"为计量单位,按照在轻质墙体和硬质墙体上安装两种方式综合考虑,执行时不得因安装方式不同而调整。

(6) 控制模块(接口)是指仅能起控制作用的模块(接口),也称为中继器,依据其给出控制信号的数量,分为单输出和多输出两种形式。执行时不分安装方式,按照输出数量以"个"为计量单位。

(7) 报警模块(接口)不起控制作用,只能起监视、报警的作用,执行时不分安装方式,以"个"为计量单位。

(8) 报警控制器按线制的不同分为多线制与总线制两种,其中又按其安装方式不同分为壁挂式和落地式。在不同线制、不同安装方式中按照点数的不同划分定额项目,以"台"为计量单位。

多线制"点"是指报警控制器所带报警器件(探测器、报警按钮等)的数量。

总线制"点"是指报警控制器所带的有地址编码的报警器件(探测器、报警按钮、模块等)的数量。如果一个模块带数个探测器,则只能计为一点。

(9) 联动控制器按线制的不同分为多线制与总线制两种,其中又按其安装方式不同分为壁挂式和落地式。在不同线制、不同安装方式中按照"点"数的不同划分定额项目,以"台"为计量单位。

多线制"点"是指联动控制器所带联动设备的状态控制和状态显示的数量。

总线制"点"是指联动控制器所带的有控制模块(接口)的数量。

(10) 报警联动一体机按线制的不同分为多线制与总线制两种,其中又按其安装方式不同分为壁挂式和落地式。在不同线制、不同安装方式中按照"点"数的不同划分定额项目,以"台"为计量单位。

多线制"点"是指报警联动一体机所带的有地址编码的报警器件与控制模块(接口)联动设备的状态控制和状态显示的数量。

总线制"点"是指报警联动一体机所带的有地址编码的报警器件与控制模块(接口)的数量。

(11) 重复显示器(楼层显示器)不分规格、型号、安装方式,按总线制与多线制划分,以"台"为计量单位。

(12) 警报装置分为声光报警和警铃报警两种形式,均以"台"为计量单位。

（13）远程控制器按其控制回路数以"台"为计量单位。

（14）火灾事故广播中的功放机、录音机的安装按柜内及台上两种方式综合考虑，分别以"个"为计量单位。

（15）消防广播控制柜是指安装成套消防广播设备的成品机柜，不分规格、型号，以"台"为计量单位。

（16）火灾事故广播中的扬声器不分规格、型号，按照吸顶式与壁挂式以"个"为计量单位。

（17）广播用分配器是指单独安装的消防广播用分配器（操作盘），以"台"为计量单位。

（18）消防通信系统中的电话交换机按"门"数不同以"台"为计量单位；通信分机、插孔是指消防专用电话分机与电话插孔，不分安装方式，分别以"部""个"为计量单位。

（19）报警备用电源综合考虑了规格、型号，以"套"为计量单位。

（20）火灾报警控制微机（CRT）安装（CRT彩色显示装置安装），以"台"为计量单位。

2. 水灭火系统

（1）管道安装按设计管道中心长度，不扣除阀门、管件及各种组件所占长度，以"延长米"计算。

（2）镀锌钢管法兰连接定额，管件是按成品、弯头两端是按短管焊接计算的。定额中包括直管、管件、法兰等全部安装工作内容，但管件、法兰及螺栓的主材数量应按设计规定另行计算。

（3）水喷淋（雾）喷头安装有吊顶、无吊顶两种，以"个"为计量单位。

（4）报警装置安装按成套产品以"组"为计量单位。干湿两用报警装置、电动雨淋报警装置、预作用报警装置等的安装执行湿式报警装置安装定额，其人工费乘以系数1.2，其余不变。报警装置安装包括装配管（除水力警铃进水管）的安装，水力警铃进水管并入消防管道工程量。

（5）温感式水幕装置安装按不同型号和规格以"组"为计量单位，包括给水三通至喷头，阀门间的管道、管件、阀门、喷头等全部内容的安装。给水三通至喷头、阀门间管道的主材数量按设计管道中心长度另加损耗计算，喷头数量按设计数量另加损耗计算。

（6）水流指示器、减压孔板安装按不同规格均以"个"为计量单位。

（7）末端试水装置按不同规格均以"组"为计量单位。

（8）集热板制作安装均以"个"为计量单位。

（9）室内消火栓以"套"为计量单位，包括消火栓箱、消火栓、水枪、水龙头、水龙带接扣、自救卷盘、挂架、消防按钮。落地消火栓箱包括箱内手提灭火器，所带消防按钮的安装另行计算。

（10）室内消火栓组合卷盘安装费为室内消火栓安装定额乘以系数1.2。

（11）室外消火栓以"套"为计量单位，安装方式分地上式、地下式。地上式消火栓安装包括地上式消火栓、法兰接管、弯管底座；地下式消火栓安装包括地下式消火栓、法兰接管、弯管底座或消火栓三通。

（12）消防水泵接合器安装区分不同安装方式和规格，以"套"为计量单位。包括法兰接管及弯头安装，接合器井内阀门、弯管底座、标牌等附件安装。如设计要求用短管时，其本身价值可另行计算,其余不变。

(13)减压孔板若在法兰盘内安装,其法兰计入组价中。

(14)消防水炮分不同规格,有普通手动水炮和智能控制水炮,以"台"为计量单位。

(15)隔膜式气压水罐安装区分不同规格,以"台"为计量单位。出入口法兰和螺栓按设计规定另行计算。地脚螺栓是按设备带有考虑的,定额中包括指导二次灌浆用工,但二次灌浆费用应按相应定额另行计算。

(16)自动喷水灭火系统管网水冲洗,区分不同规格以"m"为计量单位。

3. 消防系统调试

(1)消防系统调试包括自动报警系统、水灭火系统、火灾事故广播系统、消防通信系统、消防电梯系统、电动防火门、防火卷帘门、正压送风阀、排烟阀、防火阀控制装置、气体灭火系统装置。

(2)自动报警系统包括由各种探测器、报警器、报警按钮、报警控制器、消防广播、消防电话等组成的报警系统,按不同点数以"系统"为计量单位,其点数按多线制与总线制报警器的点数计算。

(3)水灭火系统控制装置,自动喷洒系统按水流指示器数量以"点(支路)"为计量单位,消火栓系统按消火栓启动泵按钮数量以"点"为计量单位,消防水炮系统按水炮数量以"点"为计量单位。

(4)防火控制装置包括电动防火门、防火卷帘门、正压送风阀、排烟阀、防火控制阀、消防电梯等防火控制装置。电动防火门、防火卷帘门、正压送风阀、排烟阀、防火控制阀等调试以"个"为计量单位,消防电梯以"部"为计量单位。

(5)气体灭火系统是由七氟丙烷、IG541、二氧化碳等组成的灭火系统。调试包括模拟喷气试验、备用灭火器储存容器切换操作试验,分别试验容器的规格(L),按气体灭火系统装置的瓶头阀以"点"为计量单位。试验容器的数量按调试、检验和验收所消耗的试验容器总数计算,试验介质不同时可以换算。气体试喷包含在模拟喷气试验中。

任务 6.4 熟悉消防工程工程量清单设置

1. 附录 J"消防工程"与其他相关工程的界限划分

《通用安装工程工程量计算规范》(GB 50856—2013)附录 J"消防工程"内容包括水灭火系统、气体灭火系统、泡沫灭火系统、火灾自动报警系统、消防系统调试。水灭火系统中包括消火栓灭火和自动喷淋灭火两部分。本附录适用于采用工程量清单计价的工业与民用建筑的消防工程。

(1)消防管道如需进行探伤,应按本规范附录 H"工业管道工程"相关项目编码列项。

(2)消防管道上的阀门、管道及设备支架、套管的制作安装,应按本规范附录 K"给水排水、采暖、燃气工程"相关编码列项。

(3)管道及设备除锈、刷油、保温除注明外,均应按本规范附录 M"刷油、防腐蚀、绝热工程"相关项目编码列项。

（4）消防工程措施项目，应按本规范附录 N"措施项目"相关项目编码列项。

2. 水灭火系统清单项目设置

（1）水灭火系统清单项目设置、项目特征描述的内容、计量单位及工程量计算规则，应按表 6-2 的规定执行。

表 6-2　J.1 水灭火系统（编码：030901）

项目编码	项目名称	项目特征	计量单位	工程量计算规则	工作内容
030901001	水喷淋钢管	1. 安装部位 2. 材质、规格 3. 连接形式 4. 钢管镀锌设计要求 5. 压力试验及冲洗设计要求 6. 管道标识设计要求	m	按设计图示管道中心线长度计算	1. 管道及管件安装 2. 钢管镀锌 3. 压力试验 4. 冲洗 5. 管道标识
030901002	消火栓钢管				
030901003	水喷淋（雾）喷头	1. 安装部位 2. 材质、型号、规格 3. 连接形式 4. 装饰盘设计要求	个	按设计图示数量计算	1. 安装 2. 装饰盘安装 3. 严密性试验
030901004	报警装置	1. 名称 2. 型号、规格	组		1. 安装 2. 电气接线 3. 调试
030901005	温感式水幕装置	1. 型号、规格 2. 连接形式	组		
030901006	水流指示器	1. 规格、型号 2. 连接形式	个		
030901007	减压孔板	1. 材质、规格 2. 连接形式			
030901008	末端试水装置	1. 规格 2. 组装形式	组		
030901009	集热板制作安装	1. 材质 2. 支架形式	个		1. 制作、安装 2. 支架制作、安装
030901010	室内消火栓	1. 安装方式 2. 型号、规格 3. 附件材质、规格	套		1. 箱体及消火栓安装 2. 配件安装
030901011	室外消火栓				1. 安装 2. 配件安装
030901012	消防水泵接合器	1. 安装部位 2. 型号、规格 3. 附件材质、规格			1. 安装 2. 附件安装
030901013	灭火器	1. 形式 2. 规格、型号	具、组	按设计图示数量计算	设置

续表

项目编码	项目名称	项目特征	计量单位	工程量计算规则	工作内容
030901014	消防水炮	1. 水炮类型 2. 压力等级 3. 保护半径	台		1. 本体安装 2. 调试

(2) 编制清单时应注意以下几点。

① 水灭火管道工程量计算不扣除阀门、管件及各种组件,所占长度以"延长米"计算。

② 水喷淋(雾)喷头安装部位应区分有吊顶和无吊顶。

③ 报警装置适用于湿式报警装置、干湿两用报警装置、电动雨淋报警装置、预作用报警装置等报警装置的安装。报警装置安装包括装配管(除水力警铃进水管)的安装,水力警铃进水管并入消防管道工程量。

④ 温感式水幕装置包括给水三通至喷头,阀门间的管道、管件、阀门、喷头等全部内容的安装。

⑤ 末端试水装置包括压力表、控制阀等附件的安装。末端试水装置安装中不含连接管及排水管安装,其工程量并入消防管道。

⑥ 室内消火栓包括消火栓箱、消火栓、水枪、水龙头、水龙带接扣、自救卷盘、挂架、消防按钮。落地消火栓箱包括箱内手提灭火器。

⑦ 室外消火栓安装方式分地上式、地下式。地上式消火栓安装包括地上式消火栓、法兰接管、弯管底座;地下式消火栓安装包括地下式消火栓、法兰接管、弯管底座或消火栓三通。

⑧ 消防水泵接合器不仅包括法兰接管及弯头的安装,还包括接合器井内阀门、弯管底座、标牌等附件的安装。

⑨ 减压孔板若在法兰盘内安装,其法兰计入组价中。

⑩ 消防水炮分普通手动水炮和智能控制水炮。

3. 火灾自动报警系统清单的设置

火灾自动报警系统主要包括探测器、按钮、模块(接口)、报警控制器、联动控制器、报警联动一体机、重复显示器、报警装置(指声光报警及警铃报警)、远程控制器等。按安装方式、控制点数量、控制回路、输出形式、多线制、总线制等不同特征列项。编列清单项目时,应明确描述上述特征。

1) 编制清单时注意事项

(1) 火灾自动报警系统分为多线制和总线制两种形式。多线制为系统间信号按各自回路进行传输的布线制式,总线制为系统间信号按无限性两根线进行传输的布线制式。

(2) 报警控制器、联动控制器和报警联动一体机安装的工程内容中的本体安装,应包括消防报警备用电源安装内容。

(3) 消防通信项目工程量清单按《通用安装工程工程量计算规范》(GB 50856—2013)附录 J.4 规定编制。

(4) 火灾事故广播项目工程量清单按《通用安装工程工程量计算规范》(GB 50856—2013)附录 J.4 规定编制。

(5) 消防报警系统配管、配线、接线盒均应按《通用安装工程工程量计算规范》

(GB 50856—2013)附录 D"电气设备安装工程"相关项目编码列项。

（6）消防广播及对讲电话主机包括功放、录音机、分配器、控制柜等设备。

（7）点型探测器包括火焰、烟感、温感、红外光束、可燃气体探测器等。

2）清单项目的设置

火灾自动报警系统工程量清单项目设置、项目特征描述的内容、计量单位及工程量计算规则，应按表 6-3 的规定执行。

表 6-3 J.4 火灾自动报警系统（编码：030904）

项目编码	项目名称	项目特征	计量单位	工程量计算规则	工作内容
030904001	点型探测器	1. 名称 2. 规格 3. 线制 4. 类型	个	按设计图示数量计算	1. 底座安装 2. 探头安装 3. 校接线 4. 编码 5. 探测器调试
030904002	线型探测器	1. 名称 2. 规格 3. 安装方式	m	按设计图示长度计算	1. 探测器安装 2. 接口模块安装 3. 报警终端安装 4. 校接线 5. 调试
030904003	按钮	1. 名称 2. 规格	个	按设计图示数量计算	1. 安装 2. 校接线 3. 编码 4. 调试
030904004	消防警铃				
030904005	声光报警器				
030904006	消防报警电话插孔（电话）	1. 名称 2. 规格 3. 安装方式	个、部		
030904007	消防广播（扬声器）	1. 名称 2. 功率 3. 安装方式	个		
030904008	模块（模块箱）	1. 名称 2. 规格 3. 类型 4. 输出形式	个、台		1. 安装 2. 校接线 3. 编码 4. 调试
030904009	区域报警控制箱	1. 多线制 2. 总线制 3. 安装方式 4. 控制点数量 5. 显示器类型	台		1. 本体安装 2. 校接线、摇测绝缘电阻 3. 排线、绑扎、导线标识 4. 显示器安装 5. 调试
030904010	联动控制箱				
030904011	远程控制箱（柜）	1. 规格 2. 控制回路			

续表

项目编码	项目名称	项目特征	计量单位	工程量计算规则	工作内容
030904012	火灾报警系统控制主机		台	按设计图示数量计算	1. 安装 2. 校接线 3. 调试
030904013	联动控制主机	1. 规格、线制 2. 控制回路 3. 安装方式			1. 安装 2. 校接线 3. 调试
030904014	消防广播及对讲电话主机(柜)				1. 安装 2. 校接线 3. 调试
030904015	火灾报警控制微机(CRT)	1. 规格 2. 安装方式			1. 安装 2. 调试
030904016	备用电源及电池主机(柜)	1. 名称 2. 容量 3. 安装方式	套		1. 安装 2. 调试
030904017	报警联动一体机	1. 规格、线制 2. 控制回路 3. 安装方式	台		1. 安装 2. 校接线 3. 调试

4. 消防系统调试清单设置

消防系统调试内容包括自动报警系统装置调试、水灭火系统控制装置调试、防火控制系统装置调试、气体灭火控制装置调试。设置清单时应按点数、类型、名称、试验容器规格等不同特征设置清单项目。编制工程量清单时,必须准确描述项目特征,才能够正确计价。

1)各消防系统调试工作范围

(1)自动报警系统装置调试包括各种探测器、报警按钮、报警控制器,以系统为单位按不同点数编制工程量清单并计价。

(2)水灭火系统控制装置调试包括水平喷头、消火栓、消防水泵接合器、水流指示器、末端试水装置等,以系统为单位按不同点数编制工程量清单并计价。

(3)气体灭火控制系统装置调试由驱动瓶起始至气体喷头为止。包括进行模拟喷气试验和储存容器的切换试验。调试按储存容器的规格、容器的容量以"个"为单位计价。

(4)防火控制系统装置调试包括电动防火门、防火卷帘门、正压送风门、排压阀、防火阀等装置的调试,按其特征以"处"为单位编制工程量清单项目。

(5)需要说明的是,气体灭火控制系统装置调试如需采取安全措施时,应按施工组织设计要求,安全措施费按《建设工程工程量清单计价规范》(GB 50500—2013)中表3.3.1安全施工项目编制工程量清单。

2)清单项目设置

消防系统调试工程量清单项目设置、项目特征描述的内容、计量单位及工程量计算规则,应按表6-4的规定执行。

表 6-4 J.5 消防系统调试(编码:030905)

项目编码	项目名称	项 目 特 征	计量单位	工程量计算规则	工 作 内 容
030905001	自动报警系统调试	1. 点数 2. 线制	系统	按系统计算	系统调试
030905002	水灭火控制装置调试	系统形式	点	按控制装置的点数计算	调试
030905003	防火控制装置调试	1. 名称 2. 类型	个、部	按设计图示数量计算	
030905004	气体灭火系统装置调试	1. 试验容器规格 2. 气体试喷	点	按调试、检验和验收所消耗的试验容器总数计算	1. 模拟喷气试验 2. 备用灭火器贮存容器切换操作试验 3. 气体试喷

任务 6.5 熟悉消防工程量清单计价

1.《消防工程》计价定额的概述

《江苏省安装工程计价定额》(2014 年版)中第九册《消防工程》分部分项工程名称表见表 6-5。

表 6-5 《消防工程》分部分项工程名称表

序号	分 部 工 程	分项工程名称表
1	火灾自动报警系统安装	探测器安装、按钮安装、模块(接口)安装、报警控制器安装、联动控制器、报警联动一体机安装、重复显示器安装、警报装置安装、远程控制器安装、火灾事故广播安装、消防通信及报警备用电源安装
2	水灭火系统安装	管道安装(沟槽式管件连接)、系统组件安装、其他组件安装、消火栓安装、隔膜式气压水罐安装(气压罐)、管道支吊架制作及安装、自动喷水灭火系统管网水冲洗
3	气体灭火系统安装	管道安装,系统组件安装,七氟丙烷、二氧化碳等灭火剂称重检漏装置安装、系统组件试验
4	泡沫灭火系统安装	泡沫发生器安装、泡沫比例混合器安装
5	消防系统调试	自动报警系统装置调试、水灭火系统控制装置调试、火灾事故广播、消防通信、消防电梯系统装置调试、电动防火门、防火卷帘门、正压送风阀、排烟阀、防火阀控制系统装置调试、气体灭火系统装置调试、CRT 装置调试

2. 与有关定额册的关系

本册定额适用于工业与民用建筑中的新建、扩建和整体更新改造工程中消防及安全防范设备的安装。未列入的项目,可使用有关计价表项目。

(1) 电缆敷设、桥架安装、配管配线、接线盒、动力、应急照明控制设备、应急照明器具、电动机检查接线、防雷接地装置等安装,均执行第四册《电气设备安装工程》相应定额。

(2) 阀门、法兰安装,各种套管的制作安装,不锈钢管和管件、铜管和管件及泵间管道安装,管道系统强度试验、严密性试验和冲洗等执行第八册《工业管道工程》相应定额。

(3) 消火栓管道、室外给水管道安装,管道支吊架制作、安装及水箱制作安装执行第十册《给排水、采暖、燃气工程》相应项目。

(4) 各种消防泵、稳压泵等机械设备安装及二次灌浆执行第一册《机械设备安装工程》相应项目。

(5) 各种仪表的安装及带电信号的阀门、水流指示器、压力开关、驱动装置及泄漏报警开关、消防水炮的接线和校线等执行第六册《自动化控制仪表安装工程》相应项目。

(6) 泡沫液储罐、设备支架制作、安装等执行第三册《静置设备与工艺金属结构制作安装工程》相应项目。

(7) 设备及管道除锈、刷油及绝热工程执行第十一册《刷油、防腐蚀、绝热工程》相应项目。

3. 计价表中用系数计算的费用

(1) 脚手架搭拆费按人工费的 5% 计算,其中人工工资占 25%。

(2) 高层建筑增加费(指高度在 6 层或 20m 以上的工业与民用建筑)按表 6-6 计算。

表 6-6 高层建筑增加费

层数	9 层以下 (30m)	12 层以下 (40m)	15 层以下 (50m)	18 层以下 (60m)	21 层以下 (70m)	24 层以下 (80m)	27 层以下 (90m)	30 层以下 (100m)	33 层以下 (110m)
按人工费的百分比/%	10	15	19	23	27	31	36	40	44
其中人工工资占比/%	10	14	21	21	26	29	31	35	39
机械费占比/%	90	86	79	79	74	71	69	65	61
层数	36 层以下 (120m)	40 层以下 (130m)	42 层以下 (140m)	45 层以下 (150m)	48 层以下 (160m)	51 层以下 (170m)	54 层以下 (180m)	57 层以下 (190m)	60 层以下 (200m)
按人工费的百分比/%	48	54	56	60	63	65	67	68	70
其中人工工资占比/%	41	43	46	48	51	53	57	60	63
机械费占比/%	59	57	54	52	49	47	43	40	37

(3) 安装与生产同时进行增加的费用,按人工费的 10% 计算。

(4) 在有害身体健康的环境中施工增加的费用,按人工费的 10% 计算。

(5) 超高增加费是指操作物高度距楼地面 5m 以上的工程,按其超过部分的定额人工费乘以表 6-7 所列系数。

表 6-7　超高增加费表

标高(m 以内)	8	12	16	20
超高系数	1.10	1.15	1.20	1.25

4. 火灾自动报警系统安装说明

本章包括探测器、按钮、模块(接口)、报警控制器、联动控制器、报警联动一体机、重复显示器、警报装置、远程控制器、火灾事故广播、消防通信、报警备用电源、火灾报警控制微机(CRT)安装等项目。

1) 本章包括的工作内容

(1) 施工技术准备、施工机械准备、标准仪器准备、施工安全防护措施、安装位置的清理。

(2) 设备和箱、机及元件的搬运、开箱检查,清点,杂物回收,安装就位,接地,密封,箱、机内的校线、接线、挂锡、编码、测试、清洗、记录整理等。

(3) 本章定额中均包括了校线、接线和本体调试。

(4) 本章定额中箱、机是以成套装置编制的;柜式及琴台式安装均执行落地式安装相应项目。

2) 本章不包括的工作内容

(1) 设备支架、底座、基础的制作与安装。

(2) 构件加工制作。

(3) 电机检查、接线及调试。

(4) 事故照明及疏散指示控制装置安装。

5. 水灭火系统安装说明

(1) 本章定额适用于工业和民用建(构)筑物设置的自动喷水灭火系统的管道、各种组件、消火栓、气压水罐的安装。

(2) 界线划分。

① 室内外界线:以建筑物外墙皮 1.5m 为界,入口处设阀门者以阀门为界。

② 设在高层建筑内的消防泵间管道与界线,以泵间外墙皮为界。

(3) 管道安装定额。

① 包括工序内一次性水压试验。

② 镀锌钢管法兰连接定额,管件是按成品、弯头两端是按短管焊接法兰考虑的,定额中包括了直管、管件、法兰等全部安装工序内容,但管件、法兰及螺栓的主材数量应按设计规定另行计算。

③ 定额也适用于镀锌无缝钢管的安装。

(4) 喷头、报警装置及水流指示器安装定额均按管网系统试压、冲洗合格后安装考虑的,定额中已包括丝堵、临时短管的安装、拆除及其摊销。

(5) 其他报警装置适用于雨淋、干湿两用及预作用报警装置。

(6) 温感式水幕装置安装定额中包括给水三通至喷头、阀门间的管道、管件、阀门、喷头等全部安装内容。但管道的主材数量按设计管道中心长度另加损耗计算;喷头数量按设计数量另加损耗计算。

(7) 集热板的安装位置:当高架仓库分层板上方有孔洞、缝隙时,应在喷头上方设置集热板。

(8) 隔膜式气压水罐安装定额中地脚螺栓是按设备带有考虑的,定额中包括指导二次灌浆用工,但二次灌浆费用另计。

(9) 组合式带自救卷盘消防箱安装,执行室内消火栓安装相应定额的人工、材料、机械乘以系数1.2。

(10) 管网冲洗定额是按水冲洗考虑的,若采用水压气动冲洗法时,可按施工方案另行计算。定额只适用于自动喷水灭火系统。

(11) 本章不包括以下工作内容。

① 阀门、法兰安装,各种套管的制作安装,泵房间管道安装及管道系统强度试验、严密性试验。

② 消火栓管道、室外给水管道安装及水箱制作安装。

③ 各种消防泵、稳压泵安装及设备二次灌浆等。

④ 各种仪表的安装及带电信号的阀门、水流指示器、压力开关、消防水炮的接线、校线。

⑤ 各种设备支架的制作安装。

⑥ 管道、设备、支架、法兰焊口除锈刷油。

⑦ 系统调试。

(12) 其他有关规定。

① 设置于管道间、管廊内的管道,其定额人工乘以系数1.3。

② 主体结构为现场浇注采用钢模施工的工程:内外浇注的定额人工乘以系数1.05,内浇外砌的定额人工乘以系数1.03。

6. 消防系统调试安装说明

(1) 本章包括自动报警系统装置调试、水灭火系统控制装置调试、防火控制装置调试(包括火灾事故广播、消防通信、消防电梯系统装置调试,电动防火门、防火卷帘门、正压送风阀、排烟阀、防火阀控制系统装置调试)、气体灭火系统装置调试等项目。

(2) 系统调试是指消防报警和灭火系统安装完毕且连通,并达到国家有关消防施工验收规范、标准所进行的全系统的检测、调整和试验。

(3) 自动报警系统装置包括各种探测器、手动报警按钮和报警控制器,灭火系统控制装置包括消火栓、自动喷水、卤代烷、二氧化碳等固定灭火系统的控制装置。

(4) 气体灭火系统调试试验时采取的安全措施,应按施工组织设计另行计算。

(5) 本章消防系统调试定额执行时,安装单位只调试,则定额基价乘以系数0.7。安装单位只配合检测、验收,基价乘以系数0.3。

学习笔记

思考与练习题

选择题

(1) 点型探测器按线制的不同分为多线制与总线制两种,点型探测器在套用定额时,下列说法不正确的是(　　)。

  A. 不分规格、型号   B. 不分安装方式、位置

  C. 以单个为计算单位   D. 不包括本体调试

(2) 以下设备不计入火灾自动报警系统调试的点数的是(　　)。

  A. 探测器   B. 手动报警按钮

  C. 声光报警器   D. 短路隔离器

(3) 以下关于火灾自动报警系统工程量计算规则的说法,不正确的有(　　)。

  A. 点型探测等按线制的不同分为多线制与总线制

  B. 点型探测器不分规格、型号、安装方式与位置,以"个"为计量单位

  C. 警报装置分为声光报警和警铃报警两种形式,均以"台"为计量单位

  D. 总线制"点"是不包括联动控制器所带的控制模块的数量

(4)《消防及安全防范设备》定额内容不包括(　　)。

  A. 消防水泵的安装   B. 水喷淋(雾)喷头的安装

  C. 室内消火栓的安装   D. 水流指示器的安装

(5) 以下消防联动控制的说法,正确的是(　　)。

  A. 火灾时,消防控制中心向电梯发出控制信号,强制所有电梯降至底层并切断电源

  B. 火灾时,应切断正常照明系统,打开火灾应急照明

  C. 火灾时,当烟感探测器动作时,防火卷帘门降到地面

  D. 火灾时,通常先打开排烟风机,再打开排烟阀,然后关闭中央空调

综 合 实 训

本实训通过完成所给图纸范围内火灾自动报警系统工程量的计算、编制工程量清单及工程量清单计价、使用计价软件计算工程总造价等实训内容,进一步熟练运用《江苏省安装工程计价定额》(2014 年)和《通用安装工程工程量计算规范》,掌握相关工程量计算、工程量清单编制及工程量清单计价的方法及步骤。

1. 编制依据

(1)《建设工程工程量清单计价规范》(GB 50500—2013)、《通用安装工程工程量计算规范》(GB 50856—2013)以及《江苏省安装工程计价定额》。

(2) 主材价格按当地造价管理部门发布最新材料预算指导价或者通过询价方式确定。

(3) 按二类工程计算管理费及利润,人工费按当地政策调整的最新人工工资预算单价计算。

(4) 工程计价软件。

(5) 火灾自动报警系统图及图例、一层至四层火灾自动报警平面图见右侧二维码。

火灾自动报警
工程图纸

(6) 文明施工费基本费按 1.5% 计算,暂列金额按 10000 元计入,其他措施项目费费率及金额自主确定。

2. 实训任务

根据编制依据完成工程量计算、计算工程总造价,完成以下表格。

(1) 完成工程量计算书(表 6-8)。

(2) 完成单位工程汇总表 6-9。

(3) 完成措施项目清单及计价表 6-10 和表 6-11。

(4) 完成其他项目清单计价表 6-12。

(5) 完成分部分项工程量清单计价表 6-13。

表 6-8　火灾自动报警系统工程量计算书

1 层:
电话线:
JDG15:
水平(暗):
垂直(暗):
ZR-RVP-2×1.0:
联动电源线:
SC20:
水平:

垂直（暗）：

ZR-BV-2.5：

报警总线：

SC15：

水平：

垂直（暗）：

ZR-RVS-2×1.0：

2层：

电话线：

JDG15：

水平（暗）：

垂直（暗）：

ZR-RVP-2×1.0：

联动电源线：

SC20：

水平：

垂直（暗）：

ZR-BV-2.5：

报警总线：

SC15：

水平：

续表

垂直(暗):

ZR-RVS-2×1.0:

3 层:

电话线:

JDG15:

水平(暗):

垂直(暗):

ZR-RVP-2×1.0:

联动电源线:

SC20:

垂直(暗):

ZR-BV-2.5:

报警总线:

SC15:

水平:

垂直(暗):

ZR-RVS-2×1.0:

4 层:

电话线:

JDG15:

水平(暗):

垂直(暗)：	
ZR-RVP-2×1.0：	
联动电源线：	
SC20：	
水平：	
垂直(暗)：	
ZR-BV-2.5：	
报警总线：	
SC15：	
水平：	
垂直(暗)：	
ZR-RVS-2×1.0：	
一层报警控制器引至 2～4 层：	
电话线：	
水平 JDG15(暗)：	
垂直 JDG15(暗)：	
ZR-RVP-2×1.0：	
电源线：	
垂直 SC20(暗)：	
ZR-BV-2.5：	
报警总线：	
水平 SC15：	
垂直 SC15(暗)：	
ZR-RVS-2×1：	
1～4 层火灾自动报警系统工程量汇总：	
JDG15(暗)：	

SC15（暗）：

SC20（暗）：

ZR-RVP-2×1.0：

ZR-BV-2.5：

ZR-RVS-2×1.0：

报警联动一体机：

短路隔离器：

接线端子箱：

楼层显示器：

警铃：

报警系统调试：

感烟探测器：

手动报警按钮：

水流指示器：

接线盒：

感温探测器：

表 6-9　单位工程汇总表

序号	项 目 内 容	金额	其中暂估价
1	分部分项工程量清单		
1.1	人工费		

续表

序号	项 目 内 容	金额	其中暂估价
1.2	材料费		
1.3	施工机具使用费		
1.4	未计价材料费		
1.5	企业管理费		
1.6	利润		
2	措施项目		
2.1	单价措施项目费		
2.2	总价措施项目费		
2.2.1	安全文明施工费		
3	其他项目		
3.1	其中:暂列金额		
3.2	其中:暂估价		
3.3	其中:计日工		
3.4	其中:总承包服务费		
4	规费		
5	税金		
6	工程总价=1+2+3+4-(甲供材料费+甲供设备费)/1.01+5		

表 6-10 单价措施项目计价表

序号	项目编码	项目名称	计量单位	工程数量	金 额		
					综合单价	合价	其中暂估价
合 计							

表 6-11 总价措施项目清单与计价表

序号	项目编码	项目名称	计 算 基 础	费率/%	金额/元
1	031302001001	安全文明施工			
	1.1	基本费	分部分项工程费+单价措施项目费-工程设备费		
	1.2	省级标化增加费	分部分项工程费+单价措施项目费-工程设备费		

续表

序号	项目编码	项 目 名 称	计 算 基 础	费率/%	金额/元
2	031302002001	夜间施工	分部分项工程费＋单价措施项目费－工程设备费		
3	031302003001	非夜间施工	分部分项工程费＋单价措施项目费－工程设备费		
4	031302005001	冬雨季施工	分部分项工程费＋单价措施项目费－工程设备费		
5	031302006001	已完工程及设备保护	分部分项工程费＋单价措施项目费－工程设备费		
6	031302008001	临时设施	分部分项工程费＋单价措施项目费－工程设备费		
7	031302009001	赶工措施	分部分项工程费＋单价措施项目费－工程设备费		
8	031302010001	工程按质论价	分部分项工程费＋单价措施项目费－工程设备费		
9	031302011001	住宅分户验收	分部分项工程费＋单价措施项目费－工程设备费		
		合　计			

表 6-12　其他项目清单计价表

序号	项 目 名 称	计量单位	金额/元	备　注
1	暂列金额	项	10000	
2	暂估价	项	0	
3	计日工	项	0	
4	总承包服务费	项	0	
	合　计			

表 6-13　分部分项工程量清单计价

序号	项目编码	项目名称	项 目 特 征	计量单位	工程数量	综合单价	合价

续表

序号	项目编码	项目名称	项 目 特 征	计量单位	工程数量	综合单价	合价

项目 7 学习使用BIM算量软件

项目概述

本项目通过对 BIM 算量软件的学习和使用,使学生能够进一步熟悉安装工程工程量计算规则、工程量的计算及安装工程计价等知识点,具备能够使用 BIM 算量软件计算安装工程工程量及安装工程造价的技能。

教学目标

知 识 目 标	能 力 目 标	素 质 目 标
1. 熟悉安装工程工程量计算规则 2. 熟悉工程量清单的编制方法 3. 学会 BIM 算量软件的使用方法 4. 学会使用 BIM 算量软件计算电气及给排水工程量的操作步骤及方法	1. 会使用 BIM 算量软件 2. 能够使用 BIM 算量软件计算电气及给排水工程量 3. 能够使用 BIM 算量软件及计价软件计算电气及给排水工程造价 4. 具有自主探究学习和独立解决问题的能力	1. 遵循专业规范、标准,能在工程实践中严格贯彻执行 2. 培养认真严谨的职业素质 3. 培养敬业、精益、专注、创新的建筑安装工匠精神 4. 培养团结协作的团队精神

任务 7.1 了解 BIM 算量软件

随着信息化的高速发展,BIM(building information modeling,建筑信息模型)技术的应用不断深入,BIM 造价系列软件的应用能力在建筑类专业人才培养中越来越重要。通过本项目的学习,学生基本能够应用 BIM 安装造价软件计算安装工程量并进行套价,编制工程量计算书、编制安装工程施工图预算。

广联达 BIM 安装算量软件是针对民用建筑安装全专业研发的一款工程量计算软件。GQI 2021 支持全专业 BIM 三维模式算量和手算模式算量,适用于所有电算化水平的安装造价和技术人员使用,兼容市场上所有电子版图纸的导入,包括 CAD(computer aided design,计算机辅助设计)图纸、Revit 模型、PDF 图纸、图片等。通过智能化识别、可视化三维显示、专业化计算规则、灵活化的工程量统计、无缝化的计价导入,全面解决安装专业各阶段手工计算效率低、难度大等问题。本项目以广联达 BIM 安装算量软件为例,讲解使用 BIM 算量软件计算工程安装工程造价的方法。

任务 7.2　使用 BIM 算量软件计算电气工程量

1. 算量准备

1)新建工程

"新建工程"界面如图 7-1 所示,在此界面完成以下操作。

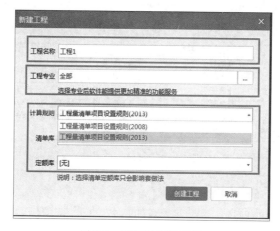

图 7-1　"新建工程"界面

(1)输入工程名称。

(2)选择专业、计算规则、定额库和清单库,软件支持 2008、2013 两种计算规则,选择的计算规则不同,会影响部分工程量计算结果,所以必须选择正确。

(3)选择算量模式。根据需要选择"简约模式:快速出量"(工程量计算存在一定偏差,需要修正)或者"经典模式:BIM 算量模式"(通过建立 BIM 模型,能够准确计算工程量),此处选择"经典模式:BIM 算量模式"。选择"算量模式"的界面如图 7-2 所示。

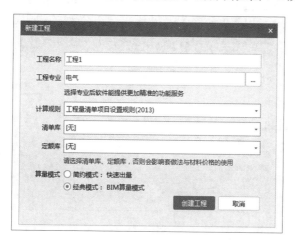

图 7-2　选择"算量模式"界面

2）工程信息

在"工程信息"界面可以调整清单库、定额库,工程信息的设置对工程量的计算没有影响,"工程信息"界面如图7-3所示。

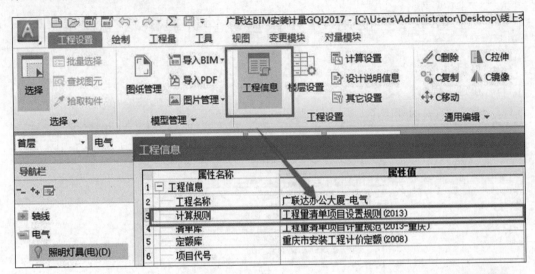

图7-3 "工程信息"界面

3）楼层设置

在"楼层设置"界面进行楼层的设置,如插入楼层、删除楼层,设置层高及标准层,"楼层设置"界面如图7-4所示。

4）图纸管理

（1）添加图纸:广联达 BIM 安装算量软件提供了多种算量模式,可导入 BIM 模型、PDF、图片及 CAD 图纸进行算量,大大提高了算量效率,其界面如图7-5所示。

教学视频:选择楼层及显示设置

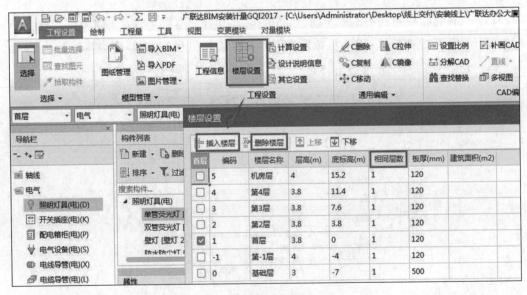

图7-4 "楼层设置"界面

图 7-5 "添加图纸"界面

（2）定位-分割图纸：添加图纸完成后，对图纸进行定位-分割图纸，"定位"及"手动分割"界面如图 7-6 所示。分割图纸时需把同一楼层的平面图及对应的配电箱系统图归纳到同一楼层，并对每个楼层平面图都存在的点进行定位，使建立的 BIM 模型在各楼层左右及上下轴线能够对齐。

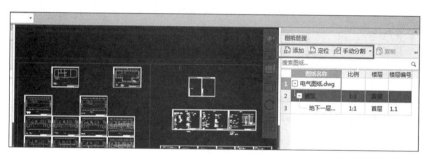

图 7-6 "定位"及"手动分割"界面

5）设置比例

单击"设置比例"按钮，框选一张图纸，并选择图纸的一段长度，将显示的长度与图纸中标注的长度进行对比，如果两者长度相同，则比例不需要调整；如果不一致，应按图纸标注的长度进行调整。"设置比例"界面如图 7-7 所示。

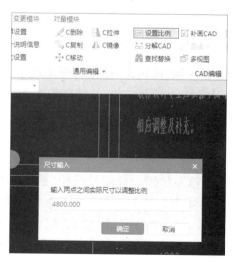

图 7-7 "设置比例"界面

2. 计算工程量

1）设备提量

（1）识别材料表。在"绘制"界面，单击"材料表"按钮，框选图纸的图例，右击，操作界面如图 7-8 所示，检查材料表中设备规格型号、标高、对应构件等属性是否正确，检查无误或修改完成后，单击"确定"按钮。

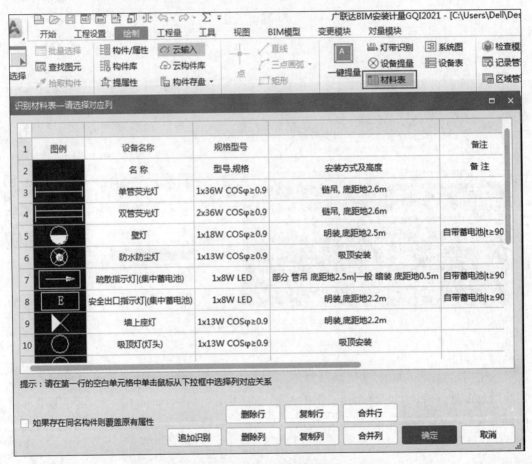

图 7-8 "识别材料表"界面

（2）设备提量。单击"设备提量"按钮，如计算双管荧光灯的工程量，单击选中平面图中双管荧光灯，右击，核对图例和属性是否正确，并选择需要计算的楼层，单击"确定"按钮，即可计算出所选楼层的双管荧光灯的工程量，"设备提量"操作界面如图 7-9 所示。

提量完成后，双管荧光灯在平面图的显示如图 7-10 所示，三维 BIM 模型图如图 7-11 所示。

（3）识别配电箱及读配电箱系统图。导航栏选择"配电箱柜"，在菜单栏中单击"配电箱识别"按钮，选中平面图需要识别的配电箱图例及配电箱的标识，右击，输入配电箱的属性（规格、安装高度等）后，单击"确定"按钮。"配电箱识别"操作界面如图 7-12 所示。

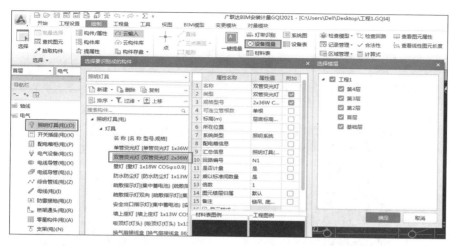

图 7-9　"设备提量"操作界面

教学视频：
设备提量

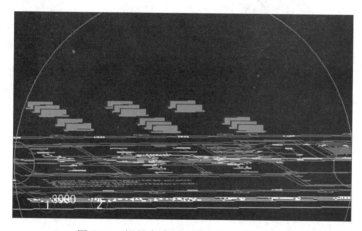

图 7-10　提量完成后双管荧光灯的平面图

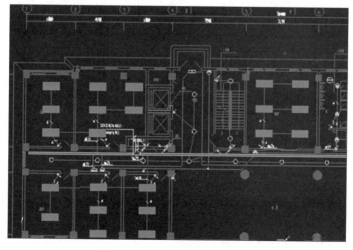

图 7-11　双管荧光灯 BIM 模型

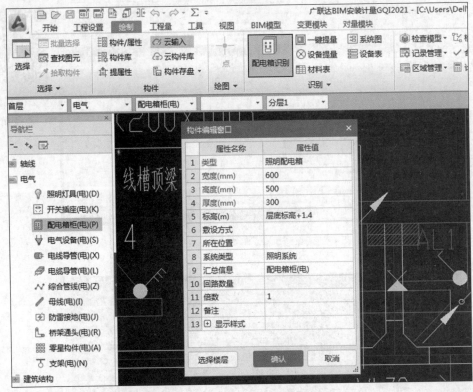

图 7-12 "配电箱识别"操作界面

识别配电箱完成后,单击菜单栏中的"系统图"按钮,选择"读系统图"或"追加读取系统图",框选所识别配电箱的系统图,核对无误后,单击"确定"按钮,这样就完成了配电箱系统的读取,"读配电箱系统图"界面如图 7-13 所示。

教学视频:
读系统图

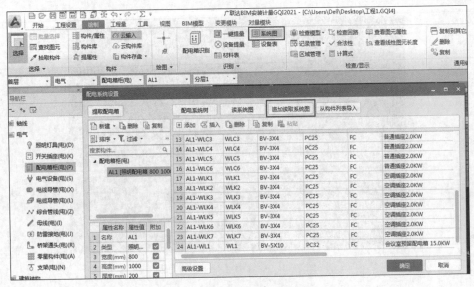

图 7-13 "读配电箱系统图"界面

2）识别桥架

导航栏选择"电线导管"，在菜单栏中单击"识别桥架"按钮，在平面图上选中桥架的两条线及桥架的规格（如 200mm×100mm），完善桥架属性，桥架识别完成后，其 BIM 模型如图 7-14 所示。

教学视频：识别桥架

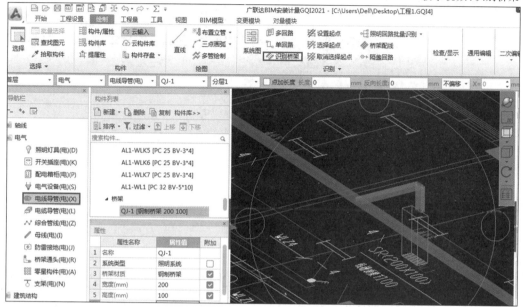

图 7-14　桥架识别后的 BIM 模型图

3）识别回路

（1）单回路识别。导航栏选择"电线导管"，在菜单栏中单击"单回路"按钮，选中平面图上某一个回路上的一段线路，右击，核对回路信息无误后，单击"确定"按钮。该回路的管线识别就完成了，"单回路识别"界面如图 7-15 所示。

教学视频：
单回路识别

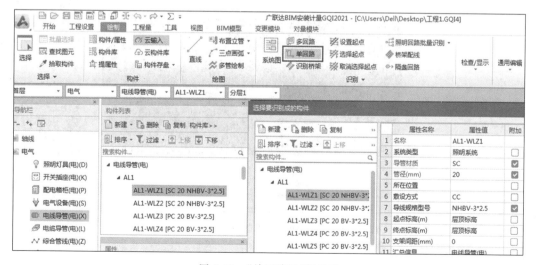

图 7-15　"单回路识别"界面

（2）多回路识别。导航栏选择"电线导管"，在菜单栏中单击"多回路"按钮，单击逐一选中每个回路上的一段线路及回路编号，多回路选择完成后，右击，核对回路信息无误后，单击"确定"按钮。所选择的几个回路的管线识别就完成了，"多回路识别"界面如图7-16所示。

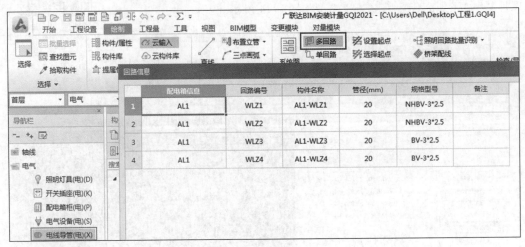

图7-16 "多回路识别"界面

4）桥架内线缆长度统计

在菜单栏中单击"设置起点"按钮，选中图中配电箱，单击菜单栏中的"选择起点"按钮，选中某回路的一段线路，右击，再单击选择已经变成粉色的配电箱，右击，生成从配电箱至桥架及管内的整个回路。可以通过检查回路的方式，生成三维BIM模型，能够直观展示整个回路的三维走向，并计算出该回路管线的长度及具体组成，回路检查后生成的BIM模型如图7-17所示。

教学视频：计算
电缆工程量

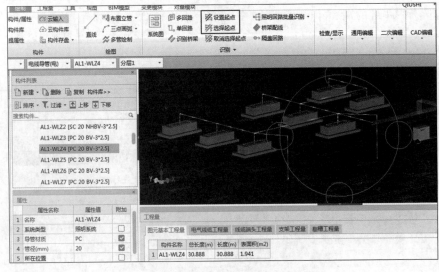

教学视频：
桥架配线

教学视频：
显示线缆

图7-17 回路检查后生成的BIM模型

3. 做法套用及报表

1）集中套用做法

菜单栏选择"工程量"，先完成工程量汇总计算，选择"套做法""自动套用清单"及"匹配项目特征"，生成工程量清单。"汇总计算"界面如图 7-18 所示，"套做法"界面如图 7-19 所示，"自动套用清单"及"匹配项目特征"界面如图 7-20 所示。

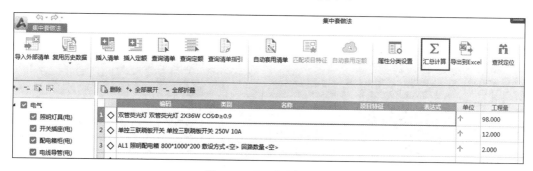

图 7-18 "汇总计算"界面

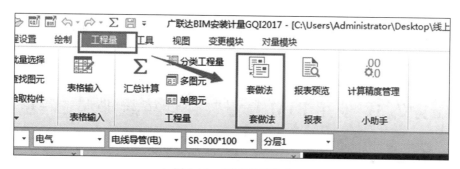

图 7-19 "套做法"界面

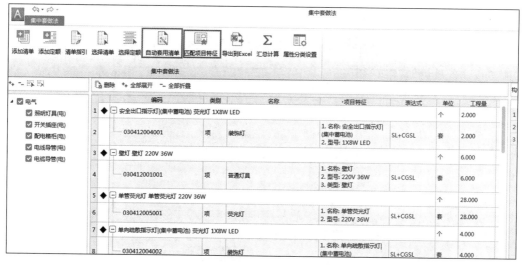

图 7-20 "自动套用清单"及"匹配项目特征"界面

2）报表预览

在此界面中可以预览生成的工程量清单，"报表预览"界面如图 7-21 所示。

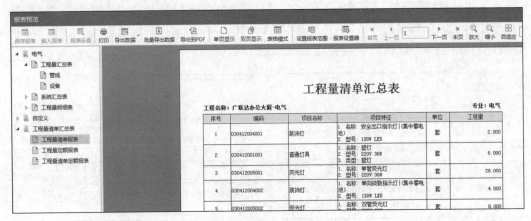

图 7-21　"报表预览"界面

3）工程量清单计价

打开计价软件，导入编制完成的工程量清单，使用计价软件完成工程量清单计价，从而计算出工程总造价。

任务 7.3　使用 BIM 算量软件计算给排水工程量

1. 算量准备

1）新建工程

步骤与方法同电气工程新建工程的操作步骤，"新建工程"界面如图 7-22 所示，工程专业选择"给排水"，选择算量模式为"简约模式"或者"经典模式"。

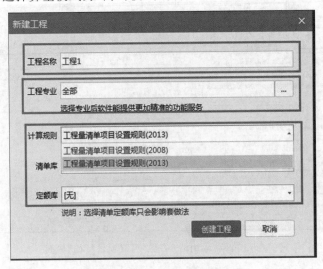

图 7-22　"新建工程"界面

2）楼层设置

单击"楼层设置"按钮，输入层数及层高等信息，操作方法通电气工程，"楼层设置"界面如图 7-23 所示。

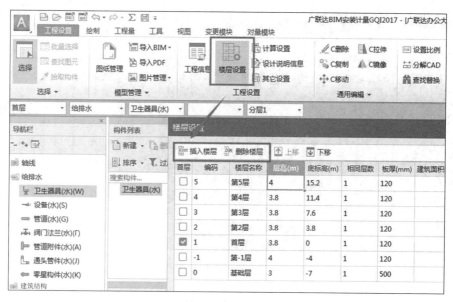

图 7-23 "楼层设置"界面

3）计算设置

在菜单栏中单击"计算设置"按钮，弹出如图 7-24 所示的"计算设置"界面，在此界面可以根据图纸的实际情况修改工程量的计算方式，如设置给排水管支架的计算方法、管道绝热及防腐工程量计算公式等。

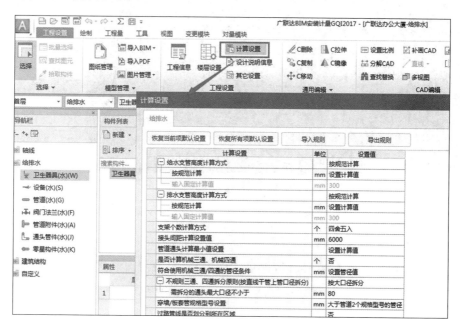

图 7-24 "计算设置"界面

添加图纸及分割图纸如图 7-25 所示,图纸定位如图 7-26 所示,比例调整如图 7-27 所示,操作步骤与电气工程相同,这里不再赘述了。

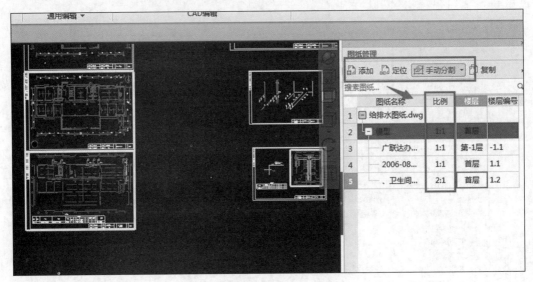

图 7-25 添加图纸及分割图纸

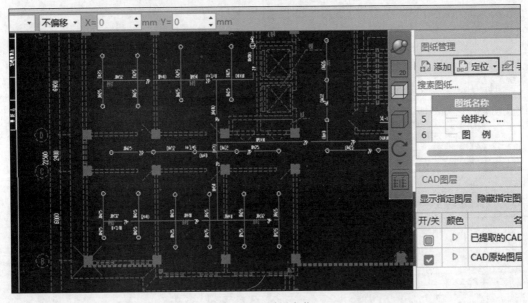

图 7-26 图纸定位

2. 计算工程量

1) 识别材料表

在绘制界面,单击"材料表"按钮,框选图例表格,右击,"识别材料表"界面如图 7-28 所示,检查表中设备规格型号、标高、对应构件等属性是否正确,检查无误后单击"确定"按钮。

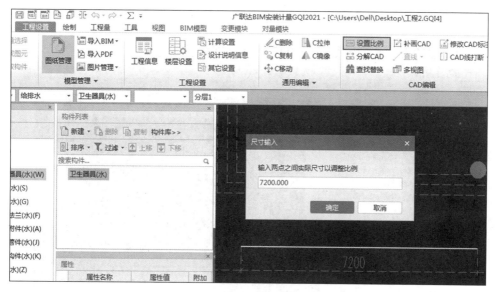

图 7-27　比例调整

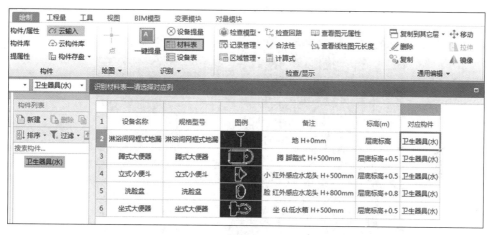

图 7-28　"识别材料表"界面

2）设备提量

单击标题栏中的"设备提量"按钮,如计算蹲式大便器的工程量,选中平面图中蹲式大便器图例,右击,核对图例和属性是否正确,并确定给排水管与卫生器具的连接点,选择需要计算的楼层,单击"确定"按钮即可计算出所选楼层的蹲式大便器工程量,"设备提量"界面如图 7-29 所示。

经设备提量后卫生器具平面图如图 7-30 所示,其对应的 BIM 模型图如图 7-31 所示。

3）计算管道长度

导航栏中选择"管道",在菜单栏中单击"自动识别"按钮,选中给水管或者排水管的一段管路及其对应的规格,注意标高不同的管道需要通过属性调整标高,在弹出的界面中修改"系统类型""材质",单击"建立/匹配构件"按钮,"自动识别"管路界面如图 7-32 所示。

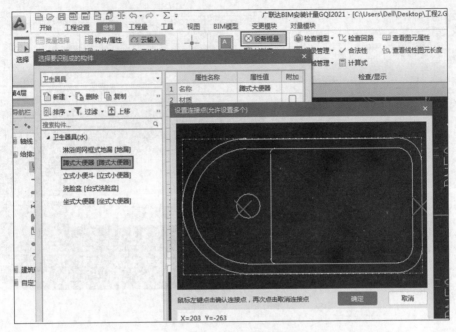

图 7-29 "设备提量"界面

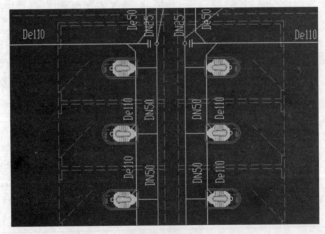

图 7-30 提量后卫生器具平面图

图 7-31 提量后卫生器具 BIM 模型图

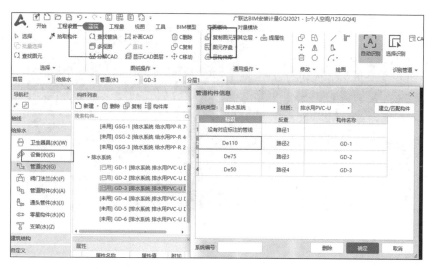

图 7-32 "自动识别"管路界面

4）管道与卫生器具的连接

如所绘制的图中管道与卫生器具未连接或连接不正确,需使用"直线"绘制功能进行连接。"管道与卫生器具的连接"界面如图 7-33 所示。

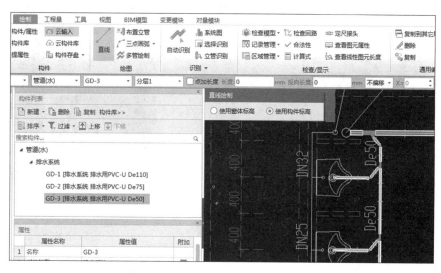

图 7-33 "管道与卫生器具的连接"界面

完成绘制后的管道 BIM 模型如图 7-34 所示。

5）阀门识别

识别阀门之前先识别管道,根据管道规格型号,自动判断阀门规格型号,"阀门识别"界面如图 7-35 所示。

3. 做法套用及报表

1）集中套用做法

在菜单栏中选择"工程量",先完成工程量汇总计算,生成工程量汇总表,再选择"套做法""自动套用清单"及"匹配项目特征",生成工程量清单,操作步骤同电气工程。

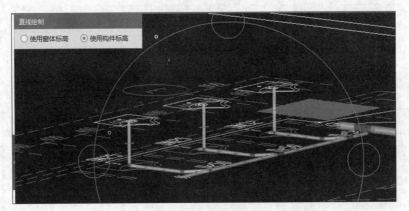

图 7-34　管道 BIM 模型

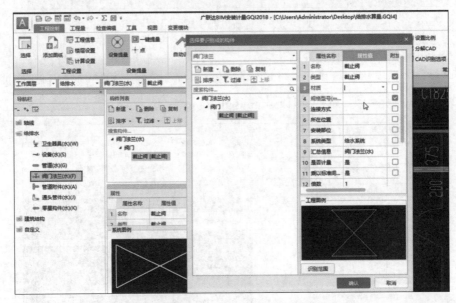

图 7-35　"阀门识别"界面

2）报表预览

在此界面中可以预览生成的工程量清单,操作步骤同电气工程。

3）工程量清单计价

打开计价软件,导入编制完成的工程量清单,使用计价软件完成工程量清单计价,计算工程总造价。操作步骤及方法同电气工程。

学习笔记

综 合 实 训

使用 BIM 算量软件和计价软件计算某工程总造价。

请根据给定的某建筑电气工程和给排水工程 CAD 图纸,使用 BIM 算量软件完成工程量的计算,并根据《建设工程工程量清单计价规范》(GB 50500—2013)及《通用安装工程工程量计算规范》(GB 50856—2013),使用计价软件完成工程总造价的计算。

1. 具体要求及说明

(1) 工程类别:本工程按一类工程取费,管理费率为 48%,利润率为 14%。

(2) 措施项目费的计取:安全文明施工费基本费率为 1.5%,其他措施费用自行确定。

(3) 规费的计取:工程排污费率为 0.1%,社会保障费率为 2.4%,住房公积金率为 0.42%,税金按 9% 计取。

(4) 暂列金额按 20000 元计入,专业工程暂估价按 10000 元计入。

(5) 人工费按当地最新政策调整的人工单价计算。

(6) 主材价格按采用除税指导价,按当地最新信息指导价计入或者自行询价。

2. 需提交的实训成果

(1) 使用 BIM 算量软件完成的工程量计算成果(软件版)。

(2) 使用计价软件完成工程造价计算成果(软件版)。

实训所用图纸分别见"某大楼电气工程 CAD 图纸"及"某大楼给排水工程 CAD 图纸"。

扫码获取"某大楼电气工程 CAD 图纸"。

某大楼电气工程 CAD 图纸

扫码获取"某大楼给排水工程 CAD 图纸"。

某大楼给排水工程 CAD 图纸

参考文献

[1] 江苏省住房和城乡建设厅.江苏省建设工程费用定额(2014年版)[M].南京:江苏凤凰科学技术出版社,2014.

[2] 江苏省住房和城乡建设厅.江苏省安装工程计价定额[M].南京:江苏凤凰科学技术出版社,2014.

[3] 陈宗丽,蒋月定.安装工程计量与计价[M].北京:化学工业出版社,2021.